Physikalisch-technisches Faserstoff - Praktikum

(Übungsaufgaben, Tabellen, graphische Darstellungen)

Zum Gebrauche an
Hochschulen, Textillehranstalten, Warenprüfungs- und Zollämtern
Industrielaboratorien und zum Selbststudium

von

Prof. Dr. Alois Herzog und Dr. **Erich Wagner**
Dresden   Hannover

Mit 2 Abbildungen im Text und
21 graphischen Darstellungen

Berlin
Verlag von Julius Springer
1931

ISBN-13: 978-3-642-98578-2   e-ISBN-13: 978-3-642-99393-0

DOI: 10.1007/978-3-642-99393-0

Druck von Julius Beltz in Langensalza.

Vorwort.

Während auf chemischem Gebiet zahlreiche Anleitungen vorliegen, die den Anfänger in die qualitative und quantitative Analyse, ja selbst in einzelne Sondergebiete (z. B. Elektrochemie, Kolloidchemie usw.) praktisch einführen sollen, ist dies bei physikalisch-technischen Untersuchungen von Faserstoffen und Textilien leider nicht der Fall. Notgedrungen ist der Anfänger hier auf die Benutzung einschlägiger Handbücher angewiesen, in denen er sich naturgemäß nur schwer zurechtfindet. Abgesehen davon, daß ein Handbuch auf die Schwierigkeit der in den einzelnen Kapiteln behandelten Materie und auf die experimentelle Geschicklichkeit des Untersuchenden keine Rücksicht nehmen kann, macht es auch hinsichtlich der praktischen Ausführung der Versuche stillschweigend zahlreiche Voraussetzungen, die beim Anfänger nicht immer zutreffen.

Auf Grund ihrer praktischen Erfahrungen haben es die Verfasser der vorliegenden anspruchslosen Schrift unternommen, eine kleine Aufgabensammlung zusammenzustellen, deren Bewältigung bei fleißiger Arbeit in einem Semester ohne Schwierigkeit möglich ist. Bei der Auswahl der Aufgaben haben sie besonders darauf Rücksicht genommen, tunlichst verschiedenartige, aber einfache Fälle zu behandeln, um den Arbeitenden in den Stand zu setzen, später vorkommende schwierigere Aufgaben auch ohne Anleitung, lediglich mit Hilfe der vorliegenden Handbücher einwandfrei zu lösen. In der Erkenntnis, daß sich die Schwierigkeiten immer erst dann einstellen, wenn ein bestimmter Fall praktisch geprüft und das Ergebnis wissenschaftlich diskutiert werden soll, haben die Verfasser ihr Augenmerk auch darauf gerichtet, verschiedene analytische Bestimmungstabellen und -schlüssel, sowie die zur Berechnung und Beurteilung der Versuchsergebnisse unbedingt nötigen Erfahrungswerte, Konstanten und sonstigen Berechnungsgrößen zusammenzustellen und der Schrift anzugliedern, eine Arbeit, die sich bei der Lückenhaftigkeit der noch dazu sehr zerstreuten Literaturangaben schwieriger gestaltete, als es vielleicht den Anschein hat. Auf die Beigabe von Abbildungen glaubten sie verzichten zu können, da solche in den einschlägigen Handbüchern ohnehin reichlich vertreten sind; insbesondere verweisen sie diesbezüglich auf das kürzlich erschienene Werk: „Heermann-Herzog, Mikroskopische und mechanisch-technische Textiluntersuchungen", 3. Aufl., Berlin 1931. Dagegen haben sie verschiedene graphische Darstellungen in die

Schrift aufgenommen, die das Rechnen in der Laboratoriumspraxis erleichtern sollen. Diese erscheinen hier zum erstenmal und dürften auch für den erfahrenen Praktiker von Nutzen sein. In erster Linie dazu bestimmt, die durch genaue Rechnung gefundenen Werte zu kontrollieren, können sie in solchen Fällen, in denen es auf keine zu große Genauigkeit ankommt, auch unmittelbar Verwendung finden.

Die Verfasser sind sich der Lückenhaftigkeit ihrer lediglich einen Versuch darstellenden Arbeit bewußt, sie glauben aber im Hinblick auf die Dringlichkeit des Falles mit ihrer Veröffentlichung nicht weiter zögern zu sollen.

Dresden-Hannover, im Mai 1931.

A. Herzog.
E. Wagner.

Inhaltsverzeichnis.

A. Übungsaufgaben.

B. Instrumentarium; Reagenzien; Analytische Bestimmungstafeln und -schlüssel; Zusammenstellung von Erfahrungswerten, Konstanten und sonstigen Berechnungsgrößen; Formeln; Maße und Gewichte; Logarithmentafel; Literaturverzeichnis.

C. Graphische Darstellungen und Rechentafeln.

I. Nomogramm zur Bestimmung der metrischen Fadennummer N_m und des legalen Titers T_{den}.

II. Garnnummer-Umrechnungstafel.

III. Deniersschätzplatte für Kunstseidenquerschnitte.

IV. A. Planimeterharfe zur Bestimmung des legalen Titers von Kunstseide-Einzelfasern.

B. Maßstab zur Messung der wirklichen Breite in μ der in 1500facher Vergrößerung gezeichneten Faser-Querschnitte.

V. Leiter zur unmittelbaren Bestimmung der wirklichen Querschnittsfläche F und des legalen Titers T_{den} von Kunstseide.

VI. Planimeterharfe zur Bestimmung der wirklichen Querschnittsfläche F von Faserquerschnitten.

VII. Nomogramm zur Bestimmung der Völligkeit V von Faserquerschnitten.

VIII. Nomogramm zur Bestimmung des rektifizierten Hauptdurchmessers δ (Außendurchmesser) von lufthaltigen bzw. hohlen Fasern.

IX. Leiter zur unmittelbaren Bestimmung des rektifizierten Faserinnendurchmessers δ_1 und der rektifizierten Lumenfläche f.

X. Tafel zur Bestimmung des Metergewichtes von Wollhaaren und Kunstseide-Einzelfasern.

XI. Nomogramm zur Bestimmung des Luftgehaltes L (= Porosität) von Gespinsten aus Pflanzenfasern sowie aus Viskose-, Nitrat- und Kupferseide.

XII. Nomogramm zur Bestimmung des Luftgehaltes L (= Porosität) von Schafwollgarnen und Azetatkunstseidefäden.

XIII. Leiter zur unmittelbaren Umwandlung der Garndrehungen und der Fadenzahl von 1 Zoll engl. auf 10 Zentimeter und umgekehrt.

XIV. Nomogramm zur Bestimmung der Garndrehung nach der A. Herzogschen mikroskopisch-graphischen Methode.

XV. Nomogramm zur Bestimmung der Drahtkonstante α_m und α_e für Baumwollgarne.

XVI. Nomogramm zur Bestimmung der Drahtkonstante α_m und α_e für Flachs-, Hanf- und Jutegarne.

XVII. Nomogramm zur Bestimmung der Reißlänge R, der spezifischen Garnfestigkeit p und der Festigkeit p_1 pro 1 Denier („Gütezahl" für Seide und Kunstseide).

XVIII. Nomogramm zur Bestimmung der Gleichmäßigkeit G von Gespinsten.

XIX. Graphische Bestimmung des Handelsgewichtes für 100 Teile lufttrockene Faser.

XX. Tafel zur Bestimmung der relativen Luftfeuchtigkeit.

XXI. Nomogramm für Prozentberechnungen aller Art.

A. Übungsaufgaben.

Übung 1.

Aufgabe: Eichung eines Okularmikrometers. Der Teilwert des Maßstabes soll

a) genau 10 μ,
b) genau 1,5 μ betragen.

Erfordernisse: Mikroskopstativ, Okular mit Mikrometerteilung (zweckmäßig die Stufenteilung nach Metz), Achromatobjektive 8 (A) und 60 (E) von Zeiß, Objektmikrometer.

Ausführung: a) Die Teilung eines Objektmikrometers wird mit einem Achromatobjektiv 8 (A) und einem Mikrometerokular eingestellt. Durch Ein- oder Ausziehen des Tubus wird sodann die im Mikrometerokular befindliche Teilung so eingestellt, daß 100 Teilstriche mit genau 100 Teilstrichen = 1 mm = 1000 μ des Objektmikrometers zusammenfallen. Einem Intervall des Okularmikrometers entsprechen demgemäß 1000 : 100 = 10 μ. In einem bestimmten Falle mußte der Tubus bei Benutzung eines Achromaten 8 (A) auf 168 mm ausgezogen

Berichtigungen.

Seite 56, Zeile 12 von unten soll das Wort absoluten wegfallen.

Seite 108, 109 und 110, Tabelle 28, Kopf der 4. Vertikalspalte, soll es heißen: Substanzfestigkeit p in kg/qmm (statt: Absolute Substanzfestigkeit p in kg/qmm).

Seite 126, Mitte, ist in der Spalte „Metergewicht der Faser in Milligramm" bei F^2 die Ziffer 2 als Fußnoten-Index und nicht als Exponent zu lesen.

Tafel XVII, soll die Bezeichnung des rechten Doppelskalenträgers lauten: Absolute Fadenfestigkeit (Bruchbelastung) P in g (statt: Fadenfestigkeit [Bruchbelastung] P in g) und Spezifische Garnfestigkeit p in kg/qmm (statt: Absolute Garnfestigkeit p in kg/qmm).

Eichtafel.

Mikroskop-stativ, Objektiv-wechsel-vor-richtung	Tu-bus-aus-zug in mm	Okular		Objektiv		Teil-wert in μ	Qua-drat-fläche in qμ	Teilwert der Quadrat-teilung des Denier-meters in Deniers	Zeichnung	
		Art und Num-mer	Ein-lage	Art und Be-zeich-nung	Bei Ob-jektiven mit Korrek-tions-fassung: Ein-stellung				Ver-größe-rung (linear)	Zei-chen-tisch
		7 ×		³ ×						

Übung 2.

Aufgabe: a) Bestimmung der Vergrößerung einer mit dem Zeichenapparat hergestellten Zeichnung.

b) Einstellung des Instrumentariums, damit die Vergrößerung der Zeichnung einen runden Wert darstelle.

c) Anfertigung eines Maßstabes zur unmittelbaren Ablesung der wahren Größe der gezeichneten Objekte.

Erfordernisse: Mikroskop mit stärkerem Objektiv und Okular, Objektmikrometer, Zeichenapparat, Zeichenpapier und Pausleinen.

Ausführung: a) Ohne etwas an der optischen Einrichtung, mit der die Zeichnung eines mikroskopischen Präparats bewirkt wurde, zu ändern, wird das Präparat mit einem Objektmikrometer vertauscht und von diesem eine Strecke von z. B. 100 μ sorgfältig mit feinen Bleistiftstrichen auf einem Zeichenblatt begrenzt. Zur Vermeidung von Verzerrungen ist das zu zeichnende Intervall des Maßstabs in die Mitte des Gesichts-feldes zu bringen. Die Ausmessung der gezeichneten Strecke mit einem gewöhnlichen Maßstab ergibt z. B. 48,3 mm = 48 300 μ. Die Ver-größerung beträgt sonach 48 300 : 100 = 483.

b) Um die Berechnung der wahren Größe von Strecken oder Flächen auf mikroskopischen Zeichnungen zu erleichtern, ist dringend zu empfehlen, die Vergrößerung auf einen runden Wert einzustellen. Durch passend gewählte Objektive und Okulare und durch Ein- oder Ausziehen des Tubus gelingt dies stets auf empirischem Wege. So mußte im vorigen Falle (a) der Tubus des Mikroskops auf 169 mm ausgezogen werden, um eine Vergrößerung von genau 500 zu erhalten (100 μ des Objektmikrometers entsprechen 50 mm auf der Zeichnung). Die benutzte Optik, die Vergrößerung und die Tubuslänge sind in eine Eichtafel einzutragen (vgl. S. 2).

c) Zur unmittelbaren Ablesung der wahren Größe von Strecken in den mit einem Zeichenapparat hergestellten Zeichnungen ist die Herstellung eines besonderen Maßstabes angezeigt. Ist z. B. die Vergrößerung 400, so entsprechen 40 mm in der Zeichnung einer wirklichen Länge von $40\,000 : 400 = 100\,\mu$. Der Maßstab wird am besten auf Pausleinen ausgeführt. Auch vollständig ausfixierte, unbelichtete photographische Platten sind nach dem Trocknen zur Anfertigung solcher Maßstäbe sehr geeignet.

Übung 3.

Aufgabe: Eine vorgelegte Gewebeprobe ist makroskopisch auf Baumwolle und Flachs zu untersuchen (s. nachfolgende Zusammenstellung).

	Prüfungsverfahren	Baumwolle	Flachs
a	Zerreißen des Gewebes.	Rißenden der Garnfäden gleichmäßig lang; stark gekräuselt, matt. Geräusch beim Zerreißen dumpf.	Rißenden der Garnfäden ungleichmäßig lang; straff, glänzend. Geräusch beim Zerreißen schrill.
b	Aufdrehen der Garnfäden.	Einzelfasern stark gekräuselt, wirr durcheinanderliegend, matt.	Einzelfasern straff, nahezu parallel, glänzend.
c	Betrachtung des Gewebes gegen das Licht.	Garnfäden gleichmäßig dick.	Garnfäden ungleichmäßig dick (knotig).
d	Anbrennen der Garnfäden.	Angekohlte Enden pinselartig auseinandergehend.	Angekohlte Enden glatt.
e	Einlegen des Gewebes in Öl (Frankenstein u. Leykauf).	Bleibt undurchsichtig: Auffall. Licht . . . hell. Durchf. Licht . dunkel.	Wird durchscheinend: Auffall. Licht . . dunkel. Durchf. Licht . . . hell.
f	Konz. Schwefelsäure, kalt (Kindt und Lehnert).	Löst rasch.	Löst langsam.

	Prüfungsverfahren	Baumwolle	Flachs
g	Fuchsinprobe [1] (Böttger).	Farblos.	Rosa.
h	Zyaninprobe [2] (A. Herzog).	Farblos.	Blau.
i	Methylenblauprobe[3] (H. Behrens).	Nach längerem Wässern hellblau bis farblos.	Nach längerem Wässern noch deutlich grünlichblau.
k	Kupferprobe [4] (A. Herzog).	Farblos.	Rotbraun.
l	Zyanin - Glyzerin- probe[5] (A. Herzog).	Farblos.	Verunreinigungen (Oberhautfetzen usw.) intensiv blau.

Die Proben e) bis l) werden an appreturfreien Gespinsten oder an etwa 1 qcm großen quadratischen Gewebestückchen ausgeführt, deren Randfäden vorher entfernt worden sind.

Die angeführten makroskopischen Prüfungsverfahren beruhen einerseits auf den physikalischen Verschiedenheiten beider Fasern, andererseits auf den charakteristischen Fremdstoffen, die der Flachsfaser als zellige und chemische Verunreinigungen in den meisten Fällen anhängen (Leitelemente, Pektinstoffe). Da man es jedoch bei beiden Rohstoffen mit der gleichen chemischen Grundsubstanz, d. h. der Zellulose, zu tun hat, so versagen begreiflicherweise manche der genannten Proben unter besonderen Umständen (z. B. bei sehr feinen und gebleichten Gespinsten). In solchen zweifelhaften Fällen ist es nur auf Grund der konstanten und charakteristischen mikroskopischen Formunterschiede beider Fasern möglich, einen Irrtum in der Diagnose auszuschließen. (S. Bestimmungsschlüssel.)

---

[1] Das Gewebe wird in warme 1%ige alkoholische Fuchsinlösung eingelegt, in Wasser gespült, sodann etwa 3 Min. mit konz. Ammoniak nachbehandelt.

[2] Das Gewebestück wird einige Minuten in eine lauwarme alkoholische Zyaninlösung eingelegt, in Wasser gründlich gespült und schließlich mit verdünnter Schwefelsäure behandelt.

[3] Die zu untersuchende Probe wird in warmer Methylenblaulösung gefärbt, dann fortgesetzt in Wasser gespült. Dadurch entfärbt sich die Baumwolle fast vollkommen, die Flachsfaser nicht. In einem früheren Stadium zeigt die Baumwolle ein von der Farbe der Leinenfaser verschiedenes Blau. Die Probe gewinnt an Gegensatz, wenn man sie mit der Ölprobe e) kombiniert. Da jedoch Methylenblau wie fast alle basischen Farbstoffe auch Oxyzellulose anzeigt, ist dieses Prüfungsverfahren nicht unbedingt zuverlässig.

[4] Eine entsprechend vorbereitete Gewebeprobe wird etwa 10 Min. in 10%ige Kupfervitriollösung eingelegt, behufs Entfernung der anhaftenden überschüssigen Kupfersalze gründlich in Wasser gespült und sodann in eine 10%ige Lösung von gelbem Blutlaugensalz gebracht, wobei sich auf der Flachsfaser kolloidales Ferrozyankupfer ausscheidet.

[5] Das Gewebestück wird mit Zyanin-Glyzerin (s. Reagenzienverzeichnis) aufgekocht und sodann in konzentriertes Glyzerin eingelegt. Die Betrachtung erfolgt unter der Lupe.

Übung 4.

Aufgabe: Ein Gewebe ist hinsichtlich der in ihm enthaltenen Faserrohstoffe zu prüfen.

Erfordernisse: Die zur qualitativ-mikroskopischen Analyse nötigen Einrichtungen und Reagenzien.

Ausführung: Das Gewebe wird in seine Kett- und Schußfäden zerlegt (bei gemusterten Geweben muß das zu zerlegende Stück mindestens einem „Rapport" entsprechen) und diese gesondert nach den Methoden der qualitativ-mikroskopischen Analyse geprüft (s. Bestimmungsschlüssel).

Beispiel: In der Kette eines ungefärbten Gewebes mit leinwandartiger Bindung lagen bandartigflache, stellenweise gedrehte Fasern vor. Chlorzinkjod färbte rotviolett. An zahlreichen Faserstellen konnte bei der polariskopischen Prüfung ein plötzlicher Wechsel in der Lage der optischen Indexellipse nachgewiesen werden. Zwischen gekreuzten Nicols in der Objekttischebene gedreht, zeigten die meisten Fasern keine wesentliche Änderung in der Helligkeit der auftretenden Interferenzfarben.

Diese Feststellungen berechtigen zu dem Schlusse, daß Baumwolle vorliegt.

Die Schußfäden waren stark glänzend und nur schwach gedreht. Nach dem Korkschneideverfahren von Viviani-Herzog hergestellte Querschnitte zeigten flach biskuitartige Begrenzung. Chlorzinkjod ergab Gelbfärbung mit teilweisem Zerfließen der Fasern. In Azeton löste sich die Faser bis auf geringfügige häutige Reste auf. Zwischen gekreuzten Nicols war nur ein schwaches Aufleuchten (Grau I) festzustellen.

All dies berechtigt zu dem Schlusse, daß Azetatseide vorliegt.

Das Gewebe setzt sich demnach in der Kette aus Baumwolle, im Schuß aus Azetatseide zusammen.

Übung 5.

Aufgabe: Ein Segelleinen (Flachs) ist auf etwaige Beimengungen von Hanf zu untersuchen.

Erfordernisse: Mikroskop mit Achromatobjektiv 10 und Okular $10\times$; schwarzes Glanzpapier, Pinsel, Chloralhydrat, Kupferoxydammoniak.

Ausführung: Aus dem zur Untersuchung vorliegenden Gewebe werden einzelne Kett- und Schußfäden herausgezogen. Beide Gruppen von Fäden werden für sich über schwarzem Glanzpapier kräftig gerieben und der abfallende Staub mit einem reinen Pinsel zusammengefegt. Eine kleine Menge des Staubes (die groben holzigen Splitter werden für spätere bestätigende Prüfungen aufbewahrt) wird zur Herstellung einiger mikroskopischer Präparate verwendet; sie dienen zur Feststellung vorhandener Leitelemente (s. Tafel zur Unterscheidung von Flachs und Hanf). Aus jeder Fadengruppe werden sodann etwa 5 Faserpräparate in Kupferoxydammoniak angefertigt, um die für Flachs und Hanf charakteristischen Quellungserscheinungen zu prüfen. Bei gemengten Gespinsten läßt das Quellungsbild auch eine rohe Schätzung des Mischungsverhältnisses beider Fasern zu.

Übung 6.

Aufgabe: Ein Mischgewebe ist auf etwaige Beimengungen von Kunstwolle zu untersuchen.

Erfordernisse: Die zur qualitativ-mikroskopischen Analyse nötigen Einrichtungen und Reagenzien (Mikroskop mit Achromatobjektiv 10 und Okular 10 ×, Präpariernadeln, Pinzette, Objektträger, Glyzerin usw.).

Ausführung: Aus dem zur Untersuchung vorliegenden Gewebe wird an verschiedenen Stellen eine Anzahl Kett- und Schußfäden herausgezogen; beiden Gruppen von Fäden entnimmt man nunmehr einige Fasern, die zur Herstellung einiger mikroskopischer Präparate verwendet werden. Zur Unterscheidung von Natur-(= Schur-)wolle und Kunstwolle dienen folgende Verdachtsmomente als Anhaltspunkt:

1. Die meisten Kunstwollsorten weisen verschiedenfarbige Wollhaare auf, ein Beweis, daß die Fasern keinem gemeinschaftlichen Färbeprozeß unterworfen waren. Überfärbungen kommen nicht selten vor.

2. Das Vorhandensein von Wollhaaren verschiedener Dicke bzw. Feinheit und von Fasern mit ungleichmäßigem Durchmesser berechtigt, auf Verarbeitung von Kunstwolle zu schließen. In einem Erzeugnis, das aus alten oder neuen Wollabfällen und aus gebrauchten wollenen Lumpen aller Art wiedergewonnen ist, sind naturgemäß Haare der verschiedensten Feinheitsklassen vertreten.

3. Infolge der mechanischen Beanspruchung bei der Bearbeitung der Lumpen und Gewebe auf Reißwölfen, Lumpenreißern u. dgl. sind an Kunstwollhaaren meist morphologische Veränderungen wahrzunehmen, wie z. B. Zerrungen, Quetschstellen, Spaltungen im Längsverlauf der Haare, Verletzungen oder teilweises Fehlen der Schuppenschicht, Zerfaserungen der Enden, sogenannte „Pinselenden", usw. Selbstredend können auch an normalen Wollhaaren als Folge von besonderen chemischen und mechanischen Beanspruchungen hin und wieder Verletzungen beobachtet werden (vgl. Übung 19), jedoch findet man hier meist nur beginnende örtliche Angriffe und ganz selten starke Beschädigungen und ausgesprochene Zerstörungsformen.

4. Die Länge der Haare bietet insofern einen Anhaltspunkt zur Erkennung von Kunstwolle, als diese infolge des Reißprozesses meist verhältnismäßig gering und dazu recht ungleich ist.

5. Die Anwesenheit von Fremdfasern, zumal von Baumwolle, ist für das Vorhandensein von Kunstwolle charakteristisch. Häufig werden mit Wollumpen gleichzeitig auch Seiden-, Leinen- und Baumwollabfälle mit verarbeitet.

Bei Berücksichtigung aller dieser Kennzeichen läßt sich leicht ein Urteil gewinnen, ob Kunstwolle oder Kunstwollbeimischung vorliegt. Eine exakte quantitative Bestimmung des Kunstwollgehaltes ist nicht möglich, jedoch genügen für die Praxis grobe Schätzungen vollauf. Um Kunstwollzusätze von weniger als 10% nachzuweisen, gibt es kein zuverlässiges Mittel. Im übrigen laufen derartige Untersuchungen stets darauf hinaus, festzustellen, ob überhaupt Wolle von den Eigenschaften der Kunstwolle vorhanden ist oder nicht. Für die Beurteilung von Wollen gilt somit der gleiche Grundsatz wie bei der technischen Bewertung von Baumwolle (vgl. Übung 16): Hauptausschlaggebend ist immer die qualitative Beschaffenheit des Erzeugnisses, nicht die Herkunft.

Übung 7.

Aufgabe: Rasche Beurteilung der Querschnittsform einer Kunstseide nach dem Viviani-Herzogschen Korkschneideverfahren.

Erfordernisse: Kleiner Korkstopfen, feine Häkelnadel (z. B. Nr. 14), fester Zwirn, Mikroskop mit Achromat 10 und Okular 10 ×, Objektträger mit Glasring, Glyzerin.

Ausführung: Ein kleiner Korkstopfen wird mit einer feinen Häkelnadel seiner Länge nach durchbohrt, um das aus dem Korke hervorstehende Häkchen ein fester, nicht zu dicker Zwirnfaden gelegt und sodann die Nadel mit dem Faden aus dem Korke zurückgezogen, bis sich außen eine genügend weite Fadenschlinge gebildet hat. Durch diese wird ein Büschel der zu prüfenden Kunstseide gelegt und sodann die Schlinge mit den Fasern durch Ziehen an den am anderen Ende des Korkes vorstehenden Fadenenden durch den Kanal hindurchgezogen, bis sie gerade sichtbar werden. Auf einer nicht zu harten Unterlage (z. B. Korkplatte oder Holzschliffdeckel) werden von dem Korke dünne Scheibchen (etwa $\frac{1}{2}$ mm dick) mit einem scharfen Rasiermesser abgetragen und eines derselben in einen Tropfen Glyzerin gelegt, der sich auf einem Deckglase befindet. Letzteres wird mit dem Scheibchen nach unten auf einen niedrigen Glasring gelegt, der auf einem Objektträger mit Kanadabalsam aufgekittet ist. Sodann erfolgt die mikroskopische Betrachtung des Präparats, die selbst in starker Vergrößerung zulässig ist. Für gefärbte Fasern ist dieses Verfahren nicht anwendbar, sofern es nicht gelingt, den Farbstoff vorher durch chemische Behandlung zu entfernen.

Übung 8.

Aufgabe: Rasche Beurteilung der Querschnittsform und des Titers der Einzelfasern einer Kunstseide nach dem Herzogschen Schnellverfahren.

Erfordernisse: Stabilitklötzchen, Apparatur nach A. Herzog, Kollodium, Glyzerin, Mikroskop mit Achromat 10 und Okular 10 ×.

Ausführung: Ein parallel gelegtes Faserbündel wird auf einer Glasunterlage mit 4%igem Kollodium durchfeuchtet und vollständig trocknen gelassen. Das steife Faserbündel wird sodann auf einer Glasunterlage mit einem Rasiermesser quer durchschnitten und eine der beiden Hälften mit einem Tröpfchen Kollodium so auf ein Stabilit- oder Metallklötzchen aufgeklebt, daß die Schnittfläche des Faserbündels mit der

Oberseite des Stabilitklötzchens gerade abschneidet. Es wird dies am einfachsten dadurch erreicht, daß das anfangs noch etwas bewegliche, über das Klötzchen hervorragende Bündel gegen die Tischplatte gestaucht wird. Die Schnittfläche wird sodann mit einem Deckglas bedeckt, das auf der Unterseite einen Tropfen Glyzerin oder Paraffinöl trägt. Die mikroskopische Betrachtung des Präparats erfolgt mit kräftiger Seitenbeleuchtung (Apparatur nach A. Herzog). Die Schätzung des Titers der Einzelfasern wird durch Vergleich mit analog hergestellten Querschnitten von Kunstseiden mit bekanntem Titer vorgenommen.

Übung 9.

Aufgabe: Ein Kunstseidequerschnitt ist mit Hilfe eines feingeteilten Okularnetzmikrometers zu zeichnen und seine Querschnittsfläche annähernd zu bestimmen.

Erfordernisse: Mikroskop, Objektiv 60 (Zeiß), Netzmikrometerokular, Objektmikrometer, Millimeterpapier.

Ausführung (Beispiel): 1. **Eichung der Quadratseite des Netzmikrometers.** 20 Quadratseiten (entsprechend der Seite des großen Begrenzungsquadrats) wurden durch Verschieben des Tubus mit einem Objektmikrometer auf genau 80 μ eingestellt. Die Tubuslänge betrug hierbei 162 mm.

Die Seite eines kleinen Quadrats mißt demnach $\quad 80:20 = 4\,\mu$.
Die Fläche „ „ „ „ „ $\quad 4 \times 4 = 16\,\mathrm{q}\mu$.

2. **Zeichnung.** Der zu zeichnende Querschnitt wird an Stelle des Objektmikrometers unter das Mikroskop gebracht und seine Begrenzung auf Millimeterpapier gezeichnet, wobei das Netz im Okular als Anhaltspunkt dient. Die Zeichnung wird zweckmäßig so ausgeführt, daß ein Quadrat der im Mikroskop sichtbaren Netzteilung 100 qmm auf dem Papier entspricht. Die Vergrößerung des Schnittes in der Zeichnung beträgt demnach im vorliegenden Falle 2500 linear oder 6 250 000 quadratisch (10 mm = 10 000 μ in der Zeichnung entsprechen 4 μ wahrer Größe; mithin beträgt die lineare Vergrößerung $10000:4 = 2500$).

3. **Bestimmung der Querschnittsfläche.** Durch Auszählen der vom Schnitte in der Zeichnung gedeckten Quadrate (je 100 qmm, entsprechend 16 qμ in Wirklichkeit) läßt sich die zugehörige Querschnittsfläche annähernd berechnen. So ergab die Auszählung im vorliegenden Falle 39,1 Quadrate, entsprechend $39,1 \cdot 16 = 625,6$ qμ. Der zugehörige Titer berechnet sich nach der Formel (s. S. 123): $T = 0,0127224 \cdot F = 0,0127224 \cdot 626 = 7,96$ (abgerundet 8) Deniers. Dieser Wert kann auch unmittelbar dem Nomogramm Tafel V entnommen werden.

Übung 10.

Aufgabe: Die Einzelfasern einer Kunstseide sind in bezug auf Form, Breite, Feinheit und Völligkeit des Querschnitts zu untersuchen.

Erfordernisse: Einbettungsrahmen, Mikrotom, Mikroskop mit Achrom. 10 u. 90 und Okular $10\times$, Zeichenapparat, Planimeter oder chemische Waage, Safranin, Paraffin, Kanadabalsam, Uhrglas.

Ausführung: Die vorliegende Kunstseide wird, falls sie nicht schon von Haus aus kräftig gefärbt sein sollte, mit Safranin auf dem Uhrglase gefärbt und nach raschem Abspülen des überschüssigen Farbstoffes getrocknet. Ein nicht zu dickes Faserbündel wird sodann durch die Schlitze eines A. Herzogschen Einbettungsrahmens gezogen und das Innere des Rahmens mit geschmolzenem Paraffin von etwa 60° Schmelzpunkt ausgegossen. Gegebenenfalls ist der auf einer Metallunterlage ruhende Rahmen vorher mäßig anzuwärmen. Nach oberflächlichem Erstarren des Paraffins wird unter der Wasserleitung etwa ¼ Stunde gekühlt. Der innerhalb des Rahmens befindliche Paraffinblock löst sich dann leicht von der Unterlage ab und kann mit dem Finger aus dem Rahmen herausgedrückt werden. Nach sorgfältigem Abtrocknen des Blockes mit einem Lappen werden die an den Enden des Blockes vorstehenden Fasern mit einer kleinen Schere abgeschnitten und der Block mit Paraffin auf einem Stabilitklötzchen aufgeklebt. Nach Einspannen des letzteren in die Präparatklemme eines Mikrotoms werden in üblicher Weise Querschnitte von etwa $10\,\mu$ Dicke hergestellt, wobei man zweckmäßig mit quergestelltem Messer arbeitet, um zusammenhängende Bandschnitte zu erhalten. Zu diesem Zweck muß der Paraffinblock vorher quadratisch oder rechteckig beschnitten und so in das Mikrotom eingespannt werden, daß je zwei gegenüberliegende Seiten des Blockes zur Schneide des Messers parallel stehen. Einige der so erhaltenen Paraffinschnitte werden unmittelbar in einen kleinen Tropfen Kanadabalsam gebracht und mit einem Deckglase bedeckt. Die rot gefärbten Einzelfaserschnitte heben sich bei der nachfolgenden mikroskopischen Untersuchung gut von dem ungefärbten Paraffin ab. Bei etwa 100-facher Vergrößerung sucht man eine Stelle mit tadellos gelungenen Schnitten aus und betrachtet diese dann mit dem stärksten Trockenobjektiv. Unter Verwendung eines Abbeschen Zeichenapparates werden sodann Zeichnungen in 1500facher Vergrößerung ausgeführt (s. auch Übung 9). Etwa 20 der so gezeichneten Schnitte werden nun nach einem der bekannten Verfahren (Planimetrieren oder Ausschneiden und Wägen der Schnitte) ihren Flächen nach ausgemessen und aus den erhaltenen Einzelwerten das arithmetische Mittel und das Untermittel berechnet. Die dem Einzelfaserschnitt zukommende wirkliche Fläche in $q\,\mu$ wird nach den Angaben der Zahlentafel auf S. 123 berechnet (bei 1500-facher Vergrößerung beträgt der Faktor, mit dem die in qmm ausgemessene Fläche der Querschnittszeichnung multipliziert werden muß, 0,4444). Jeder Faserquerschnitt wird dann noch durch Auflegen eines unmittelbar μ anzeigenden Maßstabes (s. Übung 2c) an seiner breitesten Stelle ausgemessen und auch hier das arithmetische und das Untermittel berechnet. Die Feinheit der Einzelfaser in Deniers und die Völligkeit des Querschnitts in Prozent berechnen sich nach den auf S. 123 angegebenen Formeln. Sie können auch unmittelbar den Nomogrammen V u. VII entnommen werden.

Beispiel: In einem bestimmten Falle lieferte die Untersuchung einer Nitratseide folgendes Ergebnis:

Breite der Einzelfaser in μ:

Mittel	25,2
Maximum	35,9
Minimum	13,4
Ungleichmäßigkeit der Breite in Prozent	19,0

Querschnittsfläche der Einzelfaser in $q\mu$:

Mittel	298
Maximum	622
Minimum	132
Ungleichmäßigkeit der Querschnittsfläche in Prozent	29,5

Titer der Einzelfaser in Deniers:

Mittel	3,8
Maximum	7,9
Minimum	1,7
Völligkeit des Querschnitts in Prozent	59,9

Querschnittsform: unregelmäßig, häufig nierenförmig.

Übung 11.

Aufgabe: Es ist die Zahl der in einem Kunstseidefaden vorhandenen Einzelfasern zu bestimmen.

Erfordernisse: Lupe, Präpariernadel, dunkler Samt, Mikroskop mit einem schwachen Achromatobjektiv, Okular 10×, gegebenenfalls auch die beim „Gelatineverfahren" (Übung 20 b) beschriebenen Einrichtungen.

Ausführung: Besteht der Faden aus nicht zu zahlreichen Einzelfasern (etwa 10—20), so ergibt schon die Auszählung unter der Lupe ein völlig befriedigendes Ergebnis. Auch unter dem schwach vergrößernden Mikroskop läßt sich die Auszählung bequem bewirken. Beim Eintauchen des Fadens in einen auf einem Objektträger befindlichen Wassertropfen weichen die Einzelfäserchen genügend weit auseinander, so daß man sie unter dem Mikroskop bequem zählen kann. Bei der Auszählung sind mindestens 10, weit auseinander liegende Fadenstellen zu berücksichtigen.

Sind zahlreiche Einzelfäserchen (80 und darüber) im Faden vorhanden, so empfiehlt sich die Anwendung des Gelatinezählverfahrens nach A. Herzog (s. Übung 20 b).

Übung 12.

Aufgabe: Es ist die „quadratische" Quellung einer Kunstseide zu ermitteln.

Erfordernisse: s. Übung 10.

Ausführung: Zwei im Schnittbande (Übung 10) unmittelbar aufeinanderfolgende Paraffinquerschnitte werden vorsichtig getrennt und auf je einen Objektträger mit Eiweißglyzerin (frisch zu bereiten) aufgeklebt. Nach völliger Trocknung wird das vorhandene Paraffin mit Xylol aus den Schnitten herausgelöst. Ist alles Xylol verdampft, so gibt man auf das eine Präparat Wasser, auf das andere Kanadabalsam und bedeckt mit einem Deckglase. Unter dem Mikroskop sucht man bei etwa 100facher Vergrößerung tadellose Einzelfaserschnitte aus, die in beiden Präparaten vorhanden sein müssen und markiert sie, falls ihre äußere Begrenzung nicht charakteristisch genug sein sollte, nach dem von A. Herzog a. a. O. angegebenen einfachen Verfahren. Beim Suchen passender Schnitte leistet ein Vergleichsmikroskop sehr gute Dienste. Die so ausgewählten, in Wasser und in Kanadabalsam liegenden korrespondierenden Schnitte werden sodann in starker Vergrößerung gezeichnet und ihren Flächen nach sorgfältig ausgemessen (vgl. Übung 10). Die Zunahme der Fläche des in Wasser liegenden Schnittes wird in Prozenten der Fläche des in Kanadabalsam eingebetteten Schnittes ausgedrückt (quadratische Quellung). Um einen brauchbaren Durchschnitt zu erhalten, sind mindestens 10 Fasern in der angegebenen Weise auszumessen.

Übung 13.

Aufgabe: Es ist die Lichtbrechung (Hauptbrechungsexponenten) von Azetatseide, feinfädiger Kupferseide und echter Seide annähernd zu bestimmen.

Erfordernisse: Mikroskop mit Polarisator, Objektiv Achr. 30, Okular 7 ×, Flachsfasern mit Kongorot gefärbt (Kanadabalsampräparat), Rizinusöl, Monochlorbenzol, Nelkenöl, Nitrobenzol und Anilin.

Ausführung: Nach Einschaltung des Nicols wird dessen Polarisationsebene mit Hilfe des gefärbten Flachspräparates bestimmt (eine kräftig gefärbte Faser wird so lange in der Objekttischebene gedreht, bis sie das Minimum an Färbung zeigt; in diesem Falle steht die Längsrichtung der Faser parallel zur Polarisationsebene des Nicols). Von den zu prüfenden ungefärbten Fasern wird je ein Präparat in den oben angegebenen Flüssigkeiten hergestellt und mikroskopisch geprüft. Hierbei ist je eine Faser parallel und senkrecht zur Polarisationsebene einzustellen und darauf ihre Sichtbarkeit zu untersuchen. Ist die Faser nahezu unsichtbar, so stimmt sie in ihrer Lichtbrechung mit der des Einbettungsmittels überein. Genauere Bestimmungen der Hauptbrechungsexponenten erfordern monochromatisches Licht und Immersionsflüssigkeiten mit sorgfältig abgestuften Brechungsexponenten; letztere sind vorher bei 18—20⁰ mit einem Refraktometer genau zu ermitteln. Die mikroskopische Einstellung auf das Verschwinden der Faser erfolgt am einfachsten in der folgenden Weise: Arbeitet man mit engbegrenzten zentralen Beleuchtungskegeln, so verschiebt sich beim Heben und Senken des Tubus je ein heller Streifen parallel zum Faserrande. Die Faser ist dann stärker lichtbrechend als die Einbettungsflüssigkeit, wenn sich die hellen Streifen beim Heben des Tubus nach der

Fasermitte, beim Senken nach der Flüssigkeit hin verschieben; das umgekehrte Verhalten wird bei schwächerer Lichtbrechung der Faser beobachtet.

			Verhalten der über einem Nicol (Polarisator) liegenden Faser nach vorheriger Einbettung in				
			Rizinusöl $n_D=1{,}48$	Monochlorbenzol $n_D=1{,}52$	Nelkenöl $n_D=1{,}53$	Nitrobenzol $n_D=1{,}55$	Anilin $n_D=1{,}59$
Azetatseide	Längsrichtung der Faser	$\parallel$ (1,470)	fast unsichtbar	deutlich sichtbar	deutlich sichtbar	deutlich sichtbar	deutlich sichtbar
		$\perp$ (1,476)	dgl.	dgl.	dgl.	dgl.	dgl.
Feinfädige Kupferseide		$\parallel$ (1,520)	deutlich sichtbar	fast unsichtbar	dgl.	dgl.	dgl.
		$\perp$ (1,552)	dgl.	deutlich sichtbar	dgl.	fast unsichtbar	dgl.
Echte Seide		$\parallel$ (1,538)	dgl.	dgl.	fast unsichtbar	deutlich sichtbar	dgl.
		$\perp$ (1,595)	dgl.	dgl.	deutlich sichtbar	dgl.	fast unsichtbar

(Die mittlere Spalte: *zur Polarisationsebene des Nicols*.)

Übung 14.

Aufgabe: An Hand des nachfolgenden Bestimmungsschlüssels ist eine vorgelegte Baumwolle auf „Mako" zu untersuchen.

1 a) Mit Kalilauge-Ammoniak behandelt, zeigt ein großer Teil der Fasern beträchtliche Mengen gelbbraun gefärbter Inhaltsbestandteile (mikroskopisch zu prüfen: Abbesches Farbenbild, Zeiß-Achromat 20) . . . . . . siehe 2

  b) Nur einzelne Fasern sind gefärbt (in der Regel nur die Basalteile der Haare) siehe 3

2 a) Die unbeschädigten Fasern messen etwa 37 mm in der Länge und 25 μ in der Breite. Große Gleichmäßigkeit in der Haarbreite. In Kalilaugeammoniak zeigen fast alle reifen Haare typische Merzerisationsformen (Walzengestalt). Vorübergehendes Kochen mit verdünnter Salpetersäure ändert die Färbung der Haare von bräunlich in rein gelbstichiges Creme
                                         Makobaumwolle

  b) Fasern von erheblich kürzerer Länge als bei 2 a, dabei breiter und ungleichmäßiger. In Kalilaugeammoniak zeigt nur ein Teil der reifen Haare Walzengestalt . . . . Andere Baumwollen von naturbrauner Färbung.

3   Ungleichmäßig grobe Fasern von geringerer Länge als bei 2 a, Merzerisationseffekt auch bei den reifen Haaren nur gering . . . .
Andere Baumwollen, künstlich gefärbt oder stark gedämpft

   a)   Verdünnte Salzsäure und gelbes Blutlaugensalz geben eine deutliche Eisenreaktion (Blaufärbung) . . . . Eisenchamoisfärbung

   b)   Keine Eisenreaktion . . . . siehe 4

4 a)   Beim Kochen mit Zinnchlorür und Salzsäure Schwefelwasserstoffentwicklung (Schwärzung von Bleiazetatpapier) . . . . . . Schwefelfarbstoffe

   b)   Keine Schwefelwasserstoffentwicklung . . . . siehe 5

5 a)   Konzentrierte Schwefelsäure bewirkt mehr oder weniger bunte Färbungen der Faser (auf einer weißen Porzellanplatte zu prüfen). . . . .
direktziehende Farbstoffe (Benzidin-, Diamin-, Dianil- u. a. Farbstoffe)

   b)   Nicht so . . . . siehe 6

6   Vorübergehendes Kochen mit verdünnter Salpetersäure ändert die Farbe der Fasern in ziemlich satte Chamoistöne. . . . .
Gedämpfte Baumwollen verschiedener Herkunft

Übung 15.

Aufgabe: Ein ungleichmäßig gefärbtes Baumwollgewebe ist auf das etwaige Vorhandensein von toten Haaren zu untersuchen.

Erfordernisse: Polarisationsmikroskop mit Gipsplättchen Rot I und Glimmerplättchen $^1/_8\,\lambda$, Achromatobjektiv 10, Okular 10 ×, Chlorzinkjod, Kupferoxydammoniak.

Ausführung: Bei der mikroskopischen Untersuchung sind die folgenden Kennzeichen für tote Baumwolle zu beachten:

1. Wenn in größerer Menge in einem Gespinst vorhanden, Knötchen bildend.

2. Zellwand außerordentlich dünn (0,5—0,6 μ), daher die metrische Nummer des Einzelhaares sehr hoch (nach A. Herzog: 26700).

3. Die Haarbreite ist in der Regel größer als bei der guten Baumwolle.

4. Fältelungen des Haares sind häufig vorhanden, dagegen fehlen Drehstellen.

5. Schrägstreifungen der Zellwand sind oft nachzuweisen. Infolge der abnorm dünnen Wand schimmert die Streifung der unteren Wandhälfte durch die obere hindurch, so daß beide Streifensysteme gleichzeitig im Mikroskop wahrgenommen werden können (gekreuzt).

6. Chlorzinkjod färbt schwach rotviolett.

7. Protoplasmatische Reste im Innern des Haares fehlen fast vollständig.

8. Kupferoxydammoniak löst; blasige Auftreibungen der Zellwand sind hierbei nicht wahrzunehmen.

9. Zwischen gekreuzten Nicols nur schwach aufleuchtend (Dunkelgrau I), daher zweckmäßig ein Gipsplättchen Rot I unter 45° einschalten.

10. Zwischen gekreuzten Nicols und einem Glimmerplättchen $^1/_8\lambda$ (45°) wird der Gangunterschied der Faser in der Subtraktionsstellung vollständig kompensiert, so daß die Faser in dieser Lage schwarz auf hellgrauem Untergrund erscheint. In der Additionslage ist die Faser leuchtend weiß.

11. Beim Drehen um 360° wird die zwischen gekreuzten Nicols eingestellte Faser viermal hell und viermal dunkel.

Übung 16.

Aufgabe: Die Qualität der Einzelhaare in einem Baumwollgespinst ist zahlenmäßig zu bewerten.

Erfordernisse: Kleine scharfe Schere, Wägegläschen mit Glaskügelchen, Chloralhydratlösung (5 g Chloralhydrat in 2 ccm Wasser), Mikroskopstativ, Zeißobjektiv 8 (A), Okular mit Netzteilung oder gewöhnliches Okular, aber dafür Objektträger mit Linienteilung (wie zur Ausführung der Gelatinezählmethode).

Ausführung: Da bei der Bewertung der Baumwolle nicht die Herkunft, sondern die qualitative Beschaffenheit der Haare im Hinblick auf die verschiedenartige Ausbildung und Mächtigkeit der Zellwand die ausschlaggebende Rolle spielt, erstreckt sich die Untersuchung auf eine Trennung der Haare in folgende Gruppen:

1. Vollausgereifte Haare;

2. halbreife Haare mit unvollständig ausgebildeten Verdickungsschichten;

3. unreife Haare mit auffallend dünnen Wandungen;

4. tote, d. h. vorzeitig abgestorbene, pathologisch veränderte Haare und

5. anormal gestaltete Haare (ungleichmäßig verdickt, ausgebaucht, verästelt usw.).

Was die genauere Charakteristik und die besonderen Unterschiede der genannten Gruppen anlangt, so sei auf die Zusammenstellung auf S. 98 verwiesen.

Bei der Untersuchung wird am besten so vorgegangen, daß man an etwa 25—50 Stellen von dem zu prüfenden Gespinst mit einer kleinen sehr scharfen Schere Fadenabschnitte von ungefähr 1 mm Länge herstellt und diese in ein mit einigen ccm Chloralhydratlösung beschicktes Wägegläschen fallen läßt, sodann kräftig durchschüttelt und nunmehr einige mikroskopische Präparate mit den gut verteilten Faserstückchen anfertigt. Auch können die Fasern auf einen großen, in Streifen geteilten Objektträger gebracht werden. Bei der nun folgenden systematischen Auszählung wird eine Sonderung der Haare nach den gekennzeichneten Gruppen vorgenommen, wobei insgesamt 200—300 Faserstücke berücksichtigt werden sollen. Das Zählergebnis bedarf noch einer Korrektur, da in der Regel die Angabe der Gewichtsprozente erwünscht ist. Die Hilfswerte für diese Umrechnung sind auf S. 99 zusammengestellt. Bei der Zählarbeit ist es nicht immer möglich, die tote Baumwolle von der unreifen Faser scharf zu trennen, was jedoch praktisch belanglos ist, da beide als gleich minderwertig anzusprechen sind. Man faßt aus diesem Grunde zweckmäßig beide Gruppen zu einer zusammen, wodurch sich das Verhältnis der Querschnittsfläche und des Fasergewichtes gegenüber dem vollreifen Haar wie 1:4,6 und gegenüber der halbreifen Faser wie 1:3,2 ergibt. Die absoluten Schwankungen innerhalb der einzelnen Gruppen bleiben unberücksichtigt; für die Praxis genügen die genannten Näherungswerte vollkommen. Die 5. Gruppe (anormal gestaltete Haare) wird bei der Berechnung der Gewichtsprozente aus praktischen Gründen außer Betracht gelassen.

Beispiel: In einem bestimmten Falle lieferte die Untersuchung eines Baumwollgespinstes hinsichtlich der Bewertung der Einzelhaare folgendes Ergebnis:

Entwicklungszustand des Haares	Zählergebnis		Gewichtsberechnung (Gewichtseinheit beliebig)	Gewichtsprozent
	Ausgezählte Haare	in Prozent aller Haare		
1. vollreif	165	66,0	$165 \cdot 4,6 = 759,0$	77,4
2. halbreif	62	24,8	$62 \cdot 3,2 = 198,4$	20,2
3. unreif und tot . .	23	9,2	$23 \cdot 1,0 = 23,0$	2,4
Summe	250	100,0	980,4	100,0

Übung 17.

Aufgabe: Die Merzerisierfähigkeit eines vorgelegten Rohbaumwollmusters ist zahlenmäßig zu beurteilen.

Erfordernisse: Wie bei Übung 16, jedoch an Stelle von Chloralhydratlösung Natron- oder Kalilauge von hoher Konzentration.

Ausführung: Die Beurteilung der Tauglichkeit einer Rohbaumwollsorte oder eines Baumwollgespinstes zum Merzerisieren wird in der gleichen Weise vorgenommen wie die Bewertung einer Probe hinsichtlich des Entwicklungszustandes der Einzelhaare. Nur werden hier im Gegensatz zu Übung 16 die kurzen Fadenabschnitte oder Haarbüschelstückchen (bei Rohbaumwolle) nicht in Chloralhydratlösung, sondern in kalte Natron- oder Kalilauge von hoher Konzentration eingetragen. Bei der darauffolgenden Auszählung einiger mikroskopischer Präparate wird eine Sonderung der Fasern in folgende zwei Gruppen vorgenommen:

1. Vollständig walzenförmige und gleichmäßig gequollene Haare und
2. unvollständig walzenförmige oder ausgesprochen bandartige Haare.

Erfahrungsgemäß ist eine wenig befriedigende Glanzwirkung fast ausschließlich auf das Vorhandensein von unvollständig ausgereiften oder aus anderen Gründen nicht merzerisierfähigen Haaren zurückzuführen; es kann daher für praktische Fälle die Merzerisierfähigkeit mit Rücksicht auf die Glanzwirkung zweckmäßig nach folgender Norm beurteilt werden:

Merzerisierfähigkeit (Glanzwirkung nach dem Merzerisieren)	Von 100 rohen Fasern sind nach dem Merzerisieren	
	walzenförmig angeschwollen und gleichmäßig gequollen	unvollständig walzenförmig oder ausgesprochen bandartig
sehr gut	über 90	unter 10
befriedigend	80—90	10—20
schlecht	unter 80	über 20

Beispiel: In einem bestimmten, der Praxis entnommenen Fall waren von 235 rohen, in der beschriebenen Weise geprüften Fasern 200 Haare vollständig walzenförmig und ausgesprochen gequollen. Auf 100 rohe Fasern kommen demnach:

$$x = \frac{200 \cdot 100}{235} = 85 \text{ merzerisierte Fasern.}$$

Die Merzerisierfähigkeit der untersuchten Probe ist nach obiger Norm als „befriedigend" anzusprechen.

Übung 18.

Aufgabe: Zwei gleichartige, aber in der Glanzwirkung auffallend unterschiedliche Baumwollgewebe sind auf den Merzerisationsgrad zu untersuchen.

Erfordernisse: Wie bei Übung 16.

Ausführung: Die Untersuchung des Merzerisationsgrades merzerisierter Baumwollproben erfolgt nach den gleichen Grundsätzen wie die Beurteilung der Merzerisierfähigkeit roher Baumwollhaare, nur mit dem Unterschiede, daß die vorgelegten Muster nicht erst mit Kali- oder Natronlauge behandelt werden müssen. Den zu prüfenden Geweben entnimmt man sowohl in der Kett- wie in der Schußrichtung eine größere Anzahl Fasern und trennt diese bei der darauffolgenden Auszählung einiger mikroskopischer Präparate in die beiden aus Übung 17 bereits bekannten Gruppen:

1. Vollständig walzenförmige, gleichmäßig gequollene Haare;
2. unvollständig walzenförmige oder ausgesprochen bandartige Fasern.

Die systematische Auszählung wird bei Verwendung eines großen in Felder geteilten Objektträgers ganz wesentlich erleichtert. Das erhaltene Zählergebnis berechnet man schließlich in Prozenten der zur Prüfung gelangten Gesamtfaseranzahl.

Beispiel: In einem der Praxis entnommenen Fall sollte auf Verlangen festgestellt werden, aus welchen Gründen zwei Partien der gleichen Baumwollware hinsichtlich der Glanzwirkung verschieden ausgefallen waren. Zur Untersuchung gelangte ein Muster a mit besonders schönem Glanz und ein Muster b mit auffallend mattem Aussehen. Die in der beschriebenen Weise vorgenommene mikroskopische Prüfung des Merzerisationsgrades ergab die auf nachfolgendem Auszählblatt verzeichneten Ergebnisse:

Zähl- reihe	Probe a Von den ausgezählten Haaren entfallen auf:		Probe b	
	Gruppe 1	Gruppe 2	Gruppe 1	Gruppe 2
2	11	2	5	4
4	33	2	24	6
6	19	1	16	4
8	17	1	20	2
10	49	5	13	3
11	32	2	26	10
12	53	5	25	8
14	90	11	4	2
16	77	10	17	4
18	50	6	45	12
20	57	6	18	3
Summe	488	51	213	58
Anzahl in %	90,6	9,4	78,6	21,4

Die unbefriedigende Glanzwirkung der Probe b ist demnach ausschließlich auf das Vorhandensein von unvollständig ausgereiften oder aus anderen Gründen nicht merzerisierten Haaren zurückzuführen. Liegt beiden Proben gleiches Ausgangsmaterial zugrunde, so ist der schlechte Ausfall der Ware b in fabrikatorischen Ursachen (z. B. unvorschriftsmäßige Temperatur oder falsche Konzentration der Natronlauge) zu suchen, die ein walzenförmiges Anschwellen der an und für sich zum Merzerisieren tauglichen Haare verhindert haben.

Übung 19.

Aufgabe: Ein Wollgewebe ist a) mikroskopisch und b) mikrochemisch auf Beschädigungen zu prüfen.

Erfordernisse: Mikroskop mit verschiedenstarken Objektiven und Okular 10 ×, Pinzette, Präpariernadeln, Objektträger usw., einige Uhrgläser oder kleine Näpfchen, Diazobenzolsulfosäure (Bereitung vgl. Reagenzienverzeichnis).

Ausführung: a) Dem zu untersuchenden Material werden sowohl in der Kett- wie in der Schußrichtung getrennt einige Einzelhaare vorsichtig entnommen und hiervon eine Anzahl Präparate hergestellt. An sichtbaren morphologischen Veränderungen kann man unter dem Mikroskop je nach dem Grade der Beschädigung folgende typische Merkmale und Zerstörungsformen beobachten:

Stadium 1: Neben glatten Schnittenden Vorhandensein von Rißenden, Schuppenschicht noch völlig intakt.

Stadium 2: Tiefere Einkerbungen an den Enden; Schuppen am Faserende fehlen; beginnende Zerfaserung der Haarenden, wodurch die verletzten Fibrillen herausfallen und freie spitze Enden der Spindelzellen sichtbar werden: typische „Pinselenden".

Stadium 3: Rißbildung bis völlige Aufsplitterung im Längsverlauf der Haare. Verschiedene Stadien der Zerstörung: Schuppen fehlen öfter, Bruchstellen durch Knickungen, Stauchungen, starke Quetschstellen, total zersplitterte Haarenden, einzelne losgelöste und vollständig isolierte Spindelzellen.

Bei noch schwereren Schädigungen ist die völlige Zermürbung zu einem feinen Pulver bereits mit unbewaffnetem Auge feststellbar, wenn man einige Haare auf einen Objektträger in einen Tropfen dest. Wasser bringt. Es trübt sich dann beim Verteilen oder Zerzupfen der Haare das Wasser milchig-weiß, was im wesentlichen von Schuppenbruchstücken und gelegentlich vorhandenen Spindelzellen der Rindenschicht herrührt.

b) Die chemische Prüfung gestattet auch die in noch nicht sichtbare Erscheinung getretenen, meist chemischen Schädigungen zu erkennen. Für die Praxis erweisen sich die zahlreichen makrochemischen Methoden, die fast alle auf dem Nachweis von in Lösung gegangenen Abbauprodukten des Wolleiweißes beruhen, aus hier nicht näher zu erörternden Gründen als wenig geeignet. Von den mikrochemischen Methoden hat sich die unter mikroskopischer Kontrolle an den Einzelhaaren durchzuführende Diazoreaktion nach Pauly am besten bewährt, die als einzigen Übelstand die ungemein rasche Zersetzlichkeit der Diazobenzolsulfosäurelösung aufweist. Das Reagens ist daher stets frisch zu verwenden.

Die Prüfungsmethode selbst gestaltet sich folgendermaßen: Man übergießt in kleinen Näpfchen einige aufgedrehte Garnenden oder besser einige dem zu untersuchenden Material vorsichtig entnommene, isolierte Einzelhaare mit dem Reagens, läßt dieses etwa 10—15 Minuten einwirken und überträgt nun die Fasern auf einen von Fett gut gesäuberten und chemisch reinen Objektträger in wenig dest. Wasser. Die Durchmusterung der Haare erfolgt unter dem Mikroskop bei 40—50 facher Vergrößerung; bei Unklarheiten hilft man sich durch Einschalten des nächst stärkeren Objektivs und vergewissert sich über die betreffende Stelle bei etwa 100—150 facher Vergrößerung. Da das Reagens nur auf die Rindenschicht der Fasern einwirkt (Rotfärbung), nicht aber auf die Epidermis (Schuppenschicht) und durch sie hindurch, so kann die Reaktion nur an solchen Haarstellen positiv wirken, wo die Kittung der Epidermisschuppen aus mechanischen oder chemischen Gründen gelockert ist. Da bei dieser Faserschädigungsreaktion, vorausgesetzt, daß man mit der genügenden Vorsicht zu Werke geht, je nach Stärke der lokalen Verletzung die Ausdehnung der gefärbten Stellen und auch die Farbtiefen verschieden sind, ist es möglich, durch geeignete Abschätzung die Ergebnisse der Prüfung zahlenmäßig faßbar und bis zu einem gewissen Grade auch quantitativ verwertbar zu machen. Unterscheidet man 5 Gruppen von Schädigungen, so bezeichnet:

Gruppe 1. Völlig intakte, ganz ungefärbte Einzelhaare, die nur an den Endquerschnitten eine rote Ringzone aufweisen.

Gruppe 2: Nahezu intakte Haare, die nur an den Haarenden ein kurzes Stück eine meist hellrote Färbung erkennen lassen.

Gruppe 3: Sonst intakte Einzelhaare, die in ihrer Länge ein oder mehrere lokale Schädigungen besitzen.

Gruppe 4: Haare, welche zu einem Viertel bis zur Hälfte ihrer Gesamtlänge schwer geschädigt, stark rot gefärbt erscheinen.

Gruppe 5: Vollkommen geschädigte, über die Hälfte bis total einheitlich intensiv rot gefärbte Einzelhaare.

Um die relative Ausdehnung der geröteten Stellen in bezug auf die Gesamtlänge der Haare einwandfrei zu schätzen, wird man des öfteren gezwungen sein, den Objektträger mit den zu prüfenden Fasern wiederholt hin und her zu schieben.

Beispiel: Bei der Prüfung eines stark gewalkten Wollfilzes auf Beschädigungen wurden den Kett- und Schußfäden je 100 Fasern entnommen, in der beschriebenen Weise untersucht und den einzelnen 5 Gruppen zugeteilt. Die nachstehenden Ergebnisse kennzeichnen deutlich den Erhaltungszustand der Wolle a) vor Ingebrauchnahme und b) nach Außerdienststellung dieses Filzes.

Faserzahl in Prozent

		Einzelklassen					Zwei Gruppen	
		1	2	3	4	5	1—3	4 u. 5
Kettfäden . .	a)	19	36	30	13	2	85	15
	b)	11	14	43	19	13	68	32
Schußfäden	a)	15	39	33	10	3	87	13
	b)	2	12	45	17	24	59	41

Aus dieser Tabelle geht hervor, daß sich nach Gebrauch des Filzes die prozentualen Werte bedeutend verschoben haben. Sowohl für die Kettwie die Schußfäden fallen im neuen Zustande die Maxima in die Gruppe 2, nach Gebrauch jedoch in die Klasse 3. Die Summen der Gruppen 4 und 5 haben sich außerordentlich erhöht, was auf ganz besondere Schädigungen schließen läßt. Bemerkenswert ist ferner, daß der Erhaltungszustand der Wolle in dem noch ungebrauchten Filz bereits sehr zu wünschen übrig läßt; es liegt daher die Vermutung nahe, daß der Filz bereits während der Herstellung, vielleicht durch einen unsachgemäß geleiteten Walkprozeß (Alkalieinwirkung), geschädigt wurde. Bemerkt sei schließlich, daß sich die mikroskopische Untersuchung der Einzelhaare auf gröbere Beschädigungen hin und die Ergebnisse der Diazoprobe meist gut ergänzen; im vorliegenden Fall konnten an zahlreichen Haaren des gebrauchten Filzes Aufsplitterungen und Knicke, sowie auffallend viele kurze, pinselförmige Haarenden beobachtet werden.

Übung 20.

Aufgabe: Ein Mischgespinst aus Schafwolle und Baumwolle (Vigognegarn) ist quantitativ a) auf chemischem Wege und b) mit Hilfe des Mikroskopes in seine Komponenten zu zerlegen.

Erfordernisse: a) Chemische Waage, Wägegläschen, Trockenschrank, Becherglas, Glasfilter, 10%ige Natronlauge, Glasstab.

b) Mikroskopstativ, Zeißobjektiv 8 (A) in Verbindung mit einem Okular mit besonders erweitertem Gesichtsfeld, kleiner Erlenmeyerkolben oder besonderes Wägegläschen mit kreisförmiger Rinne am Halse, aufgeschliffener Kappe und mit einem als Stab ausgezogenen Glasstopfen, kleine scharfe Schere, Glaskügelchen, 10%ige Gelatinelösung, großer mit Linien versehener Objektträger, evtl. einfacher, beweglicher Objekttisch aus Glas nach A. Herzog.

Ausführung: a) Von der zu untersuchenden Vigogneprobe wird zunächst das Trockengewicht ermittelt; sodann übergießt man das getrocknete und etwas aufgelockerte Fasermaterial in einem Becherglase mit 10%iger Natronlauge, bringt hernach die Flüssigkeit über einer kleinen Flamme langsam (in etwa 20 Minuten) zum Kochen und erhält dieselbe während weiterer 20—30 Minuten im gelinden Sieden, wobei die verdampfende Flüssigkeit durch Hinzugabe von dest. Wasser ersetzt wird. In dieser Zeit wird die Wolle vollständig aufgelöst. Durch Filtration erhält man die zurückbleibende Baumwolle. die sorgfältig auszuwaschen und schließlich im Trockenschrank bis zur Gewichtskonstanz zu trocknen ist. Da bei der Behandlung mit Natronlauge auch die in der Vigogne enthaltene Baumwolle etwas angegriffen wird, bedarf der erhaltene Rückstand noch einer Korrektur. Wenn auch ohne genaue Gültigkeit für alle Fälle der Praxis kann der mit in Lösung gehende Baumwollanteil in Mittel zu 3,5% angenommen werden. Neben diesem Abkochverlust ist zuletzt noch der natürliche d. h. handelsübliche Feuchtigkeitsgehalt der beiden Faserkomponenten zu berücksichtigen, der, wie aus der Tabelle auf S. 107 hervorgeht, für Baumwolle 8,5% und für Wolle 17,0% beträgt. Man erhält die normalfeuchten Faseranteile durch Zuschlag der Reprise auf das absolute Trockengewicht. Aus der Summe beider Zahlen wird schließlich die gesuchte prozentuale Zusammensetzung errechnet.

b) Die quantitativ-mikroskopische Analyse von Fasergemengen besteht in einer systematischen Bestimmung des zahlenmäßigen Mischungsverhältnisses der in einem Gespinst befindlichen verschiedenen Fasersorten, und nachheriger Berechnung, des gesuchten Gewichtsverhältnisses. Die einfachste und sicherste Zählung von Fasern gestattet das von A. Herzog vorgeschlagene Gelatineverfahren.

Von dem zu prüfenden Vigognegespinst werden an zahlreichen Stellen (25—50) mit einer kleinen sehr scharfen Schere kurze Stücke von nicht über 1 mm Länge abgeschnitten und in ein besonderes Wägegläschen oder in ein gewöhnliches kleines Erlenmeyerkölbchen fallen gelassen. Eine besondere Wägung ist nicht erforderlich, sofern bei der folgenden Auszählung nur das gegenseitige Zahlenverhältnis der vorhandenen unterschiedlichen Fasern in Betracht kommt. Soll jedoch die Anzahl der im Fadenquerschnitt enthaltenen Einzelfasern genau bestimmt werden (wie in Übung 22 b und 32 c), so muß die Tara des Gläschens bekannt sein. Die in das Wägegläschen gebrachten Fadenabschnitte werden mit einigen Kubikzentimetern auf dem Wasserbade verflüssigter 10%iger Gelatinelösung versetzt und das Ganze behufs guter Verteilung der Fasern kräftig geschüttelt. Einige Glaskügelchen befördern die rasche Zerteilung der Fäserchen in der Gelatine. Nach Verschwinden des Schaumes wird die so hergestellte Gelatinefasermischung nochmals, aber vorsichtig, durch leichtes Hin- und Herbewegen durcheinandergemengt und sodann ein Teil der Fasergelatinemischung längs eines Glasstabes auf einen vorher annähernd nivellierten großen Objektträger mit Linienteilung ausgegossen, wobei aber die Teilung nicht überschritten werden soll. Bei Bestimmung des Mischungsverhältnisses, wie in dem vorliegenden Falle, kann nun nach Erstarren der Gelatine sofort zur Auszählung geschritten werden. Bei Bestimmung der Faseranzahl im Garnquerschnitt jedoch muß vor und nach Entnahme der Fasergelatinemischung das Wägegläschen nebst Inhalt genau gewogen und der zum Ausgießen auf den Objektträger verbrauchte Teil bestimmt werden. Auch ist hier eine systematische Auszählung des gesamten Objektträgers erforderlich, während sonst nur einzelne Felder (etwa jeder dritte oder vierte Streifen) zu berücksichtigen sind.

Das gefundene Zahlenverhältnis bedarf noch einer Umrechnung in Gewichtsprozente, die nach den auf S. 126 angegebenen Grundsätzen erfolgt. An dieser Stelle sind auch die mittleren Metergewichte der wichtigsten Fasern in Milligramm zu finden, mit denen die ermittelten Faseranzahlen zu multiplizieren sind, um die Gesamtgewichte der einzelnen Komponenten zu erhalten. Für die Wollfasern kann natürlich nicht ein einheitliches Haargewicht angenommen werden, da die Feinheit der einzelnen Sorten sehr verschieden ist (vgl. Tabelle auf S. 84). Hier läßt sich jedoch das Fasergewicht mit einer für den vorliegenden Zweck ausreichenden Genauigkeit aus dem mittleren Haardurchmesser ableiten, wobei eine kreisförmige Querschnittsfläche zugrunde gelegt wird. Die Messung des Haardurchmessers erfolgt in der bei Übung 28 beschriebenen Weise. Das gesuchte Metergewicht ist schließlich unter Berücksichtigung des spez. Gewichtes von Schafwolle (1,32) leicht zu errechnen oder kann für den betr. Haardurchmesser auch ohne jede Rechnung der graphischen Darstellung auf Tafel X entnommen werden. Anders liegen die Verhältnisse bei Fasergemengen, in denen Kunstseide enthalten ist, wo wegen der vorkommenden beträchtlichen Abweichungen in der Querschnittsform die Breite der Faser in keinem vorher bekannten Verhältnis zur Querschnittsfläche steht. In solchen Fällen ist die Ausmessung von entsprechenden Mikrotomschnitten nicht zu umgehen (s. Übung 10).

Beispiel: a) Chemische Analyse.

Gewicht der in Arbeit genommenen, lufttrockenen Vigogne-
probe $(= a)$ . . . . 4,6434 g
Gewicht von Probe + Gläschen v o r dem Trocknen . . 34,1197 g
Desgl. n a c h dem Trocknen . . . . − 33,8018 g
Feuchtigkeitsgehalt $(= b)$ . . . . 0,3179 g $= 7{,}34\%$
Trockengewicht der Probe $(= a - b)$ . . . . 4,3255 g

Wägegläschen + Probe nach Behandlung mit Natronlauge und nach vollständiger Trocknung . . . . . . 31,9645 g
Gewicht des trockenen Gläschens . . . . − 29,1711 g
Gewicht des absoluten trockenen Baumwollanteils . . . 2,7934 g
hierzu 3,5% für den Gewichtsabgang der Baumwolle durch
Behandlung mit Natronlauge . . . . + 0,0978 g
korrigierter absolut trockener Baumwollanteil . . . . . 2,8912 g
hierzu 8,5% als normale Feuchtigkeit (Reprise) . . . . + 0,2457 g
normalfeuchter Baumwollanteil (= x) . . . . 3.1369 g = 65,1%
Trockengewicht der in Arbeit genommenen Vigogne-
probe . . . . 4,3255 g
korrigierter absolut trockener Baumwollanteil . . . . − 2,8912 g
absolut trockener Wollanteil . . . . 1.4343 g
hierzu 17,0% als normale Feuchtigkeit . . . . + 0,2438 g
normalfeuchter Wollanteil (= y) . . . . 1,6781 g = 34,9%
Gewicht der normalfeuchten Vigogneprobe (= x + y) . 4,8150 g =100,0%

Handelsgewicht der Vigogne für 100 Teile lufttrockene Fasersubstanz
im Anlieferungszustand:

$$\frac{4,8150 \cdot 100}{4,6434} = 103,7 \text{ Teile}$$

Handelsüblicher Feuchtigkeitszuschlag[1] (Reprise) des Mischgespinstes:

$$r = \frac{(4,8150 - 4,3255)}{4,3255} \cdot 100 = 11,32\%$$

Anderer Berechnungsgang zur Ermittlung der anteiligen Reprise:

$$r = 8,5\% + \text{Wollgehalt in Prozent} \times 0,085$$

Hierbei ist der Wollgehalt in Prozent des Trockengewichtes der Vigogneprobe einzusetzen. Dieser ist:

$$y' = \frac{1,4343 \cdot 100}{4,3255} = 33,16\%$$

Somit folgt für die Reprise:

$$r = 8,5 + 33,16 \times 0,085 = 11,32\%,$$

wie bereits oben ermittelt wurde.

b) Mikroskopische Analyse. Nach dem beschriebenen Verfahren
wurden 11 Felder des mit Fasergelatine beschickten Objektträgers
systematisch ausgezählt und dabei folgende Einzelwerte in das neben
dem Mikroskop befindliche Zählblatt eingetragen (s. Tab. S. 23 oben).

Ferner wurden nach genauer Eichung der Apparatur (1 Teilstrich
des Okularmikrometers entsprach 3,5 μ = Teilwert) 30 Wolleinzelhaare
ihrer Dicke nach sorgfältig ausgemessen, wobei sich ein mittlerer Wollhaardurchmesser von 7,09 Teilstrichen = 24,8 μ ergab.

Die Berechnung der Zusammensetzung der Vigogne nach Gewichts-

---

[1] Es ist unrichtig, wie vielfach in der Praxis üblich, für Mischgespinste
eine einheitliche Reprise anzunehmen; der handelsübliche Feuchtigkeitszuschlag muß vielmehr jeweils im Verhältnis der Zusammensetzung
des Mischgarnes besonders ermittelt werden.

prozenten erfolgt nach der auf S. 126 angegebenen Formel unter Zugrundelegung eines Fasermetergewichtes von:

$$g_b = 0{,}200 \text{ mg für die Baumwollhaare}$$

und

$$g_w = 0{,}001\,021 \cdot d^2 = 0{,}628 \text{ mg}$$
für die Wollfasern.

Baumwollgehalt:

$$x = \frac{100 \cdot z_b \cdot g_b}{(z_b \cdot g_b + z_w \cdot g_w)}$$

$$= \frac{100 \cdot 495 \cdot 0{,}200}{(495 \cdot 0{,}200 + 82 \cdot 0{,}628)} = 65{,}8\%$$

Wollgehalt:

$$y = \frac{100 \cdot z_w \cdot g_w}{(z_b \cdot g_b + z_w \cdot g_w)}$$

$$= \frac{100 \cdot 82 \cdot 0{,}628}{(495 \cdot 0{,}200 + 82 \cdot 0{,}628)} = 34{,}2\%$$

Wie das Beispiel zeigt, führen beide Analysenmethoden zu dem gleichen Endergebnis:

Probe: Vigogne

Zählreihe Nr.	Ergebnis der Auszählung	
	Baumwolle	Wolle
ohne Nr.	—	—
1	—	—
2	27	8
3	—	—
4	34	8
5	—	—
6	41	7
7	—	—
8	53	7
9	—	—
10	55	8
11	—	—
12	66	10
13	—	—
14	46	9
15	—	—
16	37	8
17	—	—
18	51	9
19	—	—
20	42	5
21	—	—
22	43	3
ohne Nr.	—	—
Summe	495	82
Verhältnis	85,8%	14,2%

	chemische Analyse	mikroskopische Analyse
Baumwollgehalt	65,1%	65,8%
Wollgehalt	34,9%	34,2%

Übung 21.

Aufgabe: Ein aus echter Seide und Baumwolle bestehendes Fasergemenge soll a) auf chemischem Wege und b) mit Hilfe des Mikroskopes quantitativ in seine Komponenten zerlegt werden.

Erfordernisse: a) Chemische Waage, Wägegläschen, Trockenschrank, Extraktionsapparat, Bechergläser, Glasfilter, Glasstab, Lackmuspapier, Extraktionsmittel (Äther oder Benzin, Tetrachlorkohlenstoff, Chloroform, Dichloräthylen o. a.), Lösungsmittel für Seide (10%ige Natronlauge, Chlorzinklösung oder halbgesättigte Chromsäure), Waschmittel (dest. Wasser und 2,5%ige Salzsäure).

b) Die zur Ausführung des Gelatinezählverfahrens nötigen Hilfsmittel (vgl. Übung 20).

Ausführung: a) In dem vorliegenden Falle sei angenommen, daß ein stark verunreinigtes Fasermaterial zur Untersuchung gelangt, beispielsweise ein Gemenge aus Seiden- und Baumwollabfällen, wie ein solches zu Isolierzwecken in der Praxis häufig Verwendung findet. Bei derartigen Analysen hat zunächst eine mikroskopische Vorprüfung zu erfolgen, die über das anzuwendende chemische Analysenverfahren Aufschluß gibt, und auf Grund der entschieden wird, welches Fasertrennungsmittel am besten zur Anwendung gelangt. Da bei allen chemischen Methoden mit in Lösung gehenden, breiartigen Massen gearbeitet wird, die mittels entsprechend feiner Kupfersiebe, Glas- oder Tuchfilter getrennt werden müssen, löst man zweckmäßig stets die in geringster Menge vorhandenen Faseranteile heraus und behält auf diese Weise die gewichtsmäßig sicherer zu erfassenden Hauptfaserkomponenten zurück. Nach erfolgter mikroskopischer Vorprüfung hat nunmehr bei stark verunreinigten, wasser- und fetthaltigen Materialien eine genaue Ermittlung der reinen Fasertrockensubstanz zu erfolgen, die schließlich in ihre Komponenten zerlegt wird. Nach Beendigung der chemischen Analyse muß durch eine mikroskopische Nachprüfung festgestellt werden, ob die gewonnenen Faserrückstände auch wirklich nur solche Fasern enthalten, die nach dem zur Anwendung gelangten Trennungsmittel ausschließlich vorhanden sein können. Fällt dieser Nachweis negativ aus, so ist entweder der Analysengang fehlerhaft gewesen oder waren noch andere Faserkomponenten von vornherein im Gemenge, die durch keines der Trennungsmittel erfaßt wurden.

Die einwandfreiesten Ergebnisse bei allen chemischen Analysen werden erzielt, wenn von der bei 105—110° C bis zur Gewichtskonstanz getrockneten Fasermenge ausgegangen wird. Die getrocknete Probe wird nunmehr in einem Extraktionsapparat mit einem Fettlösungsmittel erschöpfend ausgezogen, gut ausgepreßt und wiederum bei 105 bis 110° C im Trockenschrank getrocknet. Hierauf wäscht man die so erhaltene entfettete und trockene Probe etwa 15 Min. lang in einer lauwarmen Lösung von 2,5 ccm konzentrierter Salzsäure in 100 ccm dest. Wasser und spült gründlich mit heißem Wasser solange nach, bis empfindliches Lackmuspapier nicht mehr gerötet wird. Durch diesen Waschprozeß werden Seife, Schmutz, lösliche Appreturstoffe und andere Verunreinigungen vollständig entfernt. Nun trocknet man die Probe wiederum im Trockenschrank bis zur Gewichtskonstanz und erhält so die reine Fasertrockensubstanz abzüglich aller Nichtfaserstoffe. Da aber durch die Waschprozesse mit Äther, Salzsäure und Wasser auch Stoffe entfernt werden, welche die technisch reinen Fasern von Natur aus enthalten, und die Faserstoffe durch die verschiedenen Waschprozesse etwas angegriffen werden, so bleibt in der Regel ein Waschverlust von 2—3% unbeachtet. Das jedesmalige Trocknen der Probe nach der Fettextraktion und nach dem Waschprozeß erübrigt sich, wenn die Nichtfaserstoffe nur in ihrer Gesamtheit und nicht einzeln ermittelt werden sollen, was in der Praxis häufig der Fall ist.

Das derartig gereinigte Material wird nunmehr erst mit den eigentlichen Fasertrennungsmitteln behandelt. Im vorliegenden Falle kann entweder durch längeres Kochen der Probe in 10%iger Kali- oder Natronlauge, durch ganz kurzes Einwirkenlassen von konzentrierter Salzsäure ($\frac{1}{2}$ Min.), durch Kochen mit halbgesättigter Chromsäurelösung oder schließlich mit Chlorzinklösung von 45° Bé die echte Seide herausgelöst werden. Die übrigbleibende Baumwolle wird sodann gesammelt, ausgedrückt, bei 105—110° C getrocknet und gewogen. Der Baumwolle werden hierauf wie in Übung 20 zunächst 3,5% als mittlerer Abkochverlust bei der Behandlung mit 10%iger Natronlauge, ferner 8,5% als normale Feuchtigkeit zugerechnet. Der absolut trockene Seidenanteil, berechnet aus der Differenz der reinen Fasertrockensubstanz und dem um 3,5% korrigierten trockenen Baumwollrückstand, erhält einen Zuschlag von 11,0%, entsprechend dem handelsüblichen Feuchtigkeitsgehalt dieser Faser. Aus der Summe der beiden normalfeuchten Faserkomponenten wird schließlich die gesuchte prozentuale Zusammensetzung der Probe errechnet. Es empfiehlt sich stets, mehrere Analysen auszuführen und aus den jeweiligen Einzelergebnissen das Mittel zu bilden.

b) Die mikroskopische Analyse wird in derselben Weise wie bei Übung 20 ausgeführt.

Beispiel: a) Chemische Analyse. (Die einzelnen Zwischenberechnungen und Zwischenwägungen sind der Einfachheit halber fortgelassen.)

Bestimmung des reinen Fasergehaltes:

	Probe I.		Probe II.	
Gewicht der lufttrocknen Probe	1,2214 g		2,1428 g	
Gewicht der getrockneten Probe	− 1,1349 g		− 2,0039 g	
Wassergehalt (= a) . .	0,0865 g =	7,08%	0,1389 g =	6,47%
Gewicht der getrockneten Probe vor dem Entfetten	1,1349 g		2,0039 g	
dgl. nach dem Entfetten	− 1,0812 g		− 1,8960 g	
Fettgehalt (= b) . . .	0,0537 g =	4,40%	0,1079 g =	5,05%
Gewicht der wasser- und fettfreien Probe vor Behandeln mit 2,5%iger Salzsäure	1,0812 g		1,8960 g	
dgl. nach dem Waschen mit Salzsäure	− 0,9379 g		− 1,6745 g	
Waschverlust (= c) . .	0,1433 g =	11,73%	0,2215 g =	10,33%
Gewicht der Probe im Anlieferungszustand .	1,2214 g =	100,00%	2,1428 g =	100,00%
Gewicht aller Nichtfaserstoffe (= a + b + c) .	− 0,2835 g =	23,21%	− 0,4683 g =	21,85%
Gewicht der reinen Fasersubstanz	0,9379 g =	76,79%	1,6745 g =	78,15%

Die prozentualen Anteile der Nichtfaserstoffe (Feuchtigkeit, Fett und Öl, Verunreinigungen) werden auf das Gewicht der lufttrockenen Probe im Anlieferungszustand bezogen.

Bestimmung der prozentualen Zusammensetzung des
reinen Faser-Gemenges:

	Probe I.	Probe II.
Gewicht der reinen Faser-trockensubstanz vor Behandlung mit Natronlauge	0,9379 g	1,6745 g
dgl. nach Behandlung mit Natronlauge (= Baumwollanteil) . . .	0,3698 g	0,6527 g
hierzu 3,5% für den Verlust der Baumwolle in Natronlauge	+ 0,0129 g	+ 0,0228 g
korrigierter absolut trockener Baumwollanteil	0,3827 g	0,6755 g
hierzu 8,5% als normale Feuchtigkeit.	+ 0,0325 g	+ 0,0574 g
normalfeuchter Baumwollanteil (= x) . . .	0,4152 g = 40,3%	0,7329 g = 39,8%
Gewicht der reinen Faser-trockensubstanz . . .	0,9379 g	1,6745 g
korrigierter absolut trockener Baumwollanteil	− 0,3827 g	− 0,6755 g
absolut trockener Seidenanteil	0,5552 g	0,9990 g
hierzu 11,0% als normale Feuchtigkeit.	+ 0,0611 g	+ 0 1099 g
normalfeuchter Seidenanteil (= y)	0,6163 g = 59,7%	1,1089 g = 60,2%
Gewicht der normalfeuchten reinen Fasersubstanz (x + y)	1,0315 g = 100,0%	1,8418 g = 100,0%

Gesamtergebnisse der chemischen Analyse:

mittlerer Baumwollgehalt: $x = 40,1\%$
mittlerer Seidengehalt: $y = 59,9\%$

    b) **Mikroskopische Analyse.** Nach dem Gelatineverfahren wurden gezählt:

$$z_s = 1183 \text{ Seidenfasern}$$
und
$$z_b = 597 \text{ Baumwollfasern}$$

Die Berechnung der Zusammensetzung des Fasergemenges nach Gewichtsprozenten erfolgt nach der auf S. 126 angegebenen Formel unter Zugrundelegung eines Fasermetergewichtes von:

$$g_s = 0,145 \text{ mg für die Seidenfasern}$$
und
$$g_b = 0,200 \text{ mg für die Baumwollhaare.}$$

Baumwollgehalt:

$$x = \frac{100 \cdot z_b \cdot g_b}{(z_b \cdot g_b + z_s \cdot g_s)} = \frac{100 \cdot 597 \cdot 0,2}{(597 \cdot 0,2 + 1183 \cdot 0,145)} = 41,0\%$$

Seidengehalt:

$$y = \frac{100 \cdot z_s \cdot g_s}{(z_b \cdot g_b + z_s \cdot g_s)} = \frac{100 \cdot 1183 \cdot 0,145}{(597 \cdot 0,2 + 1183 \cdot 0,145)} = 59,0\%$$

Das Beispiel zeigt, daß die mikroskopische Analyse viel rascher als das chemische Trennungsverfahren und ohne vorherige umständliche Bestimmung der reinen Fasersubstanz zum gleichen Endziel führt. Nach beiden Analysenmethoden ergibt sich nahezu dieselbe gewichtsmäßige Zusammensetzung des Fasergemenges.

Übung 22.

Aufgabe: Analyse eines Mischgespinstes aus Baumwolle und kotonisiertem Flachs.

Erfordernisse: s. Übung 20.

Ausführung: a) Die Vorbereitung und Auszählung der Baumwoll- und Flachsfasern erfolgt nach dem in Übung 20 angegebenen Verfahren.

$$\% \text{ Flachs} = \frac{400\,n}{4\,n + 5\,m}$$

(n... Anzahl der in einer beliebigen Fadenmenge vorhandenen Flachsfasern, m... Anzahl der Baumwollfasern.)

b) Falls nicht schon bekannt, wird die metrische Nummer des Fadens mittels Weife und Waage bestimmt.

Die Vorbereitung der Fasern zur Auszählung erfolgt nach den in Übung 32 angeführten Grundsätzen. Bei der Auszählung müssen alle auf dem mit der Fasergelatine beschickten Objektträger befindlichen Flachsfasern berücksichtigt werden; die Baumwollfasern kommen für die Zählung nicht in Betracht.

$$\% \text{ Flachs} = \frac{N \cdot n}{60}$$

(N... metrische Nummer des Fadens, n... Anzahl der im Fadenquerschnitt durchschnittlich enthaltenen Flachsfasern.)

Da die Auszählung in schwacher Vergrößerung (etwa 50—80) vorgenommen werden muß, müssen beide Faserarten hinsichtlich ihrer Unterscheidungsmerkmale genau bekannt sein.

1. Baumwolle. Das einzelne Haar ist bandartigflach, mehr oder weniger gekräuselt, zum Teil um seine Längsachse gedreht und oberflächlich rauh.

2. Flachs. Die Bastzelle des Flachses stellt eine beiderseits geschlossene, dickwandige Röhre dar, deren Wandung an vielen Stellen knotig aufgetrieben und von zarten quer- und schiefverlaufenden Bruch- oder Sprunglinien durchsetzt ist. Infolge der bedeutenden Wanddicke zeigt die Faser eine steife Beschaffenheit.

Übung 23.

Aufgabe: Bei einem aus Flachs und Hanf bestehenden hellen Mischgespinst ist das Mischungsverhältnis beider Fasern zu bestimmen.

Erfordernisse: Weiße Porzellanplatte, Pinzette mit Elfenbeinspitzen, Lupe, chemische Waage, Phlorogluzin und Salzsäure.

Ausführung: Etwa 5 cm lange Fadenstücke werden soweit als möglich aufgedreht und auf einer weißen Porzellanplatte zuerst mit einer frisch hergestellten alkoholischen Lösung von Phlorogluzin und dann mit starker Salzsäure durchfeuchtet. Nach kurzer Zeit nimmt der Hanf eine deutliche Rotviolettfärbung an, während der Flachs unverändert bleibt. Nunmehr wird mit der Sortierung beider Fasergruppen begonnen (Lupe und Pinzette); sie geht bei etwas Übung rasch vonstatten. Die ausgeklaubten Fasern (Hanf) werden, ebenso wie die zurückgebliebenen (Flachs), sorgfältig gewässert, um sie von der anhängenden Salzsäure vollständig zu befreien, bei 105° getrocknet und nach dem Erkalten gewogen.

Übung 24.

Aufgabe: Von einer Azetat-Luft-Kunstseide sind a) das wirkliche spezifische Gewicht (Eigengewicht, Dichte) der Fasersubstanz, b) das scheinbare spezifische Gewicht der Einzelfaser und c) das scheinbare spezifische Gewicht des Fadens (Gespinstes) nebst den dazugehörenden Luftgehalten zu bestimmen.

Erfordernisse: Zu a) Hydrostatische Waage, Tauchgläschen, Immersionsflüssigkeit, Evakuiereinrichtung (Glasglocke, Luftpumpe).

Zu b) wie bei Übung 10.

Zu c) wie bei Übung 34, hierzu Weife und Waage.

Ausführung: Unter dem wirklichen spezifischen Gewicht einer Faser versteht man das Grammgewicht eines Kubikzentimeters der Grundsubstanz, unter dem scheinbaren spez. Gewicht einer Faser das Grammgewicht eines Kubikzentimeters der Faser, einschließlich Luftinhalt, und unter dem scheinbaren spezifischen Gewicht eines Fadens (Gespinstes) das Grammgewicht eines Kubikzentimeters des Garnes, einschließlich der Luft zwischen den das Gespinst bildenden Einzelfasern sowie der in den Fasern selbst eingeschlossenen Luft.

a) Um das spezifische Gewicht der reinen Grundsubstanz von Faserstoffen zu bestimmen, ist es in erster Linie erforderlich, das Material in möglichst reinem, ferner im getrockneten, wasserfreien Zustande der Prüfung zu unterziehen. Unreines Material muß also beispielsweise erst entfettet, entschlichtet, entfärbt, entschwert und dann getrocknet werden, ehe es zur Wägung gelangt. Als Immersionsmittel wählt man eine Flüssigkeit, die keine Quellung der Zellwände bewirkt, keine Veränderung der Fasersubstanz hervorruft und dabei die Poren der Faser gut ausfüllt. In dieser Hinsicht sind Terpentinöl, Petroleum, Benzol, Xylol, Alkohol u. a. mit Vorteil zu verwenden, wobei die verschiedenen Öle eine längere Tränkzeit (etwa 3 Tage) erfordern, Alkohol, Benzol und Xylol sich aber für rasche Bestimmungen bestens eignen (schnelle Füllung und Entlüftung der Fasern). Die Quecksilbermethode ist als fehlerhaft zu verwerfen. Die experimentelle Bestimmung der Dichte von Faserstoffen geschieht am besten mittels einer hydrostatischen Waage. In der Mehrzahl aller Fälle wird zunächst das spezifische Gewicht der Immersionsflüssigkeit ermittelt werden müssen, das sich auf folgende Weise ergibt: Man bestimmt den Auftrieb eines Senkkörpers (am besten des zur Faserdichtebestimmung verwendeten Tauchgläschens) in dem zu benutzenden Immersionsmittel ($A_{Öl}$) und sodann den Auftrieb desselben Körpers in Wasser (A_W) von der gleichen Temperatur (a^0 C). Die Division von $A_{Öl}$ durch A_W ergibt die Dichte der Flüssigkeit ($s_{Öl_a}$), bezogen auf Wasser von a^0 C. Bezeichnen G_L, G_W und $G_{Öl}$ die Gewichte des leeren Glasgefäßes in Luft, Wasser von a^0 C und in Öl von a^0 C, so ist:

$$A_{Öl} = G_L - G_{Öl} \text{ in g}$$

$$A_W = G_L - G_W \text{ in g}$$

$$s_{Öl_a} = \frac{A_{Öl}}{A_W} = \frac{G_L - G_{Öl}}{G_L - G_W}, \text{ bezogen auf Wasser von } a^0\text{C.}$$

Verglichen mit Wasser von 4^0 C ($s_{W_n} = 1$), erhält man für das normale spezifische Gewicht der Flüssigkeit:

$$s_{Öl_n} = s_{Öl_a} \cdot s_{W_a} \text{ in g/ccm,}$$

wobei s_{W_a} das spezifische Gewicht des Wassers von a^0 C in g/ccm bedeutet (vgl. untenstehende Tabelle).

Nunmehr wird das Gewicht der zu untersuchenden Faserprobe in Luft und in Öl bestimmt, woraus sich der Auftrieb der Probe in Öl ($A_{P_{Öl}}$) ergibt. Hierbei ist es außerordentlich wichtig, daß die in und zwischen den Fasern sowie in der Flüssigkeit enthaltene Luft vollkommen entfernt wird. Bei stark lufthaltigen Substanzen zerschneidet man am besten die Fasern der zu untersuchenden Probe in ganz kurze Stücke (5 mm), bringt sodann das

Werte für die Dichte des Wassers bei verschiedenen Temperaturen

a^0 C	s_{W_a} g/ccm	a^0 C	s_{W_a} g/ccm
15	0,999 13	23	0,997 56
16	0,998 97	24	0,997 32
17	0,998 80	25	0,997 07
18	0,998 62	26	0,996 81
19	0,998 43	27	0,996 54
20	0,998 23	28	0,996 26
21	0,998 02	29	0,995 97
22	0,997 80	30	0,995 67

Tauchgläschen mit den Faserstückchen in Öl unter eine gut verschließbare Glasglocke und entlüftet sorgfältig mit einer Luftpumpe. Geschieht dies nicht, ergibt sich ein zu großes Faservolumen und somit ein zu geringes spezifisches Gewicht.

Bezeichnen:

$P_L =$ das Gewicht der getrockneten Probe in Luft,

$G_{Öl} =$ das Gewicht des leeren Tauchgläschens in Öl und

$(G + P)_{Öl} =$ das Gewicht des Tauchgläschens mit der Probe in Öl, so ist:

$$A_{P_{Öl}} = P_L + G_{Öl} - (G + P)_{Öl} \text{ in g}$$

Das Volumen der Probe (V_P) in ccm folgt aus:

$$V_P = \frac{A_{P_{Öl}}}{s_{Öl_n}} \text{ in ccm}$$

Somit ist das gesuchte wirkliche spezifische Gewicht der Faserprobe, bezogen auf Wasser von 4^0 C:

$$s_P = \frac{P_L}{V_P} = \frac{P_L \cdot s_{Öl_n}}{P_L + G_{Öl} - (G + P)_{Öl}} \text{ in g/ccm}$$

b) Nach den in Übung 10 ausführlich beschriebenen Grundsätzen werden mittels eines Zeichenapparates eine größere Anzahl von Mikrotomfaserschnitten gezeichnet, sodann nach einem der bekannten Verfahren ihrer Gesamt- wie Hohlraumfläche nach ausgemessen und schließlich aus den so erhaltenen Einzelwerten das arithmetische Mittel gebildet. Unter Berücksichtigung der Vergrößerung der Zeichnung ergeben sich aus den gefundenen Mittelwerten die wirklichen Faserquerschnittsflächen F_{ges} und F_H in qμ. Der Anteil der Faserwandung am Gesamtquerschnitt ist aus der Differenz bestimmbar:

$$F_W = F_{ges} - F_H \text{ in q}\mu.$$

Wie dem nachstehenden Beispiel zu entnehmen ist, läßt sich aus den ermittelten Faserwand- und Hohlraumanteilen am Gesamtquerschnitt und unter Zugrundelegung des nach a) bestimmten wirklichen spezifischen Gewichtes der Fasersubstanz sowie des bekannten spezifischen Gewichtes der Luft das scheinbare spezifische Gewicht der Einzelfaser leicht berechnen.

c) Für die Bestimmung des scheinbaren spezifischen Gewichtes des Azetatseidengespinstes ist zunächst eine genaue Ermittlung der metrischen Fadennummer (N_m) mittels Weife und Waage und ferner die Messung der Garndicke (d in Millimeter) erforderlich, die in Übung 34 eingehend beschrieben ist. Aus beiden Daten berechnet sich:

das Volumen eines Garnstückes von 1 cm Länge: $V = \dfrac{d^2 \cdot \pi \cdot 1}{4 \cdot 100}$ ccm

das Gewicht eines Garnstückes von 1 cm Länge: $G = \dfrac{1}{N_m \cdot 100}$ g

das scheinbare spez. Gewicht eines Garnkubikzentimeters:

$$\sigma_G = \frac{G}{V} = \frac{4}{N_m \cdot d^2 \cdot \pi} = \frac{1{,}2732}{N_m \cdot d^2} \text{ in g/ccm}$$

Beispiel: a) Bestimmung des wirklichen spez. Gewichtes der reinen Fasersubstanz (Azetylzellulose).

Gewicht des Konditioniergläschens mit Probe nach dem
Trocknen . . . . 29,8039 g
Gewicht des trockenen leeren Gläschens . . . . 29,5807 g
P_L = Gewicht der getrockneten Probe in Luft . . . . 0,2232 g
G_L = Gewicht des leeren Tauchgläschens in Luft . . . . 15,8874 g

$G_{Öl}$ = Gewicht des leeren Tauchgläschens in Öl von 20° C . . . . 10,3972 g

G_W = Gewicht des leeren Tauchgläschens in Wasser von 20° C . 9,5948 g

$(G + P)_{Öl}$ = Gewicht des Tauchgläschens + Probe in Öl von 20° C . 10,4728 g

$s_{Öl_{20}}$ = spez. Gewicht des Öles, verglichen mit Wasser von 20° C:

$$s_{Öl_{20}} = \frac{G_L - G_{Öl}}{G_L - G_W} = \frac{15,8874 - 10,3972}{15,8874 - 9,5948} = \frac{5,4902}{6,2926} = \mathbf{0,873 \ g/ccm}$$

$s_{W_{20}}$ = spez. Gewicht des Wassers von 20° C = 0,99823 g/ccm (nach
Tabelle auf Seite 29)

$s_{Öl_n}$ = spez. Gewicht des Öles, verglichen mit Wasser von 4° C:

$$s_{Öl_n} = s_{Öl_{20}} \cdot s_{W_{20}} = 0,873 \cdot 0,99823 = \mathbf{0,871 \ g/ccm}$$

s_P = wirkliches spez. Gewicht der Probe, bezogen auf Wasser von
4° C:

$$s_P = \frac{P_L \cdot s_{Öl_n}}{P_L + G_{Öl} - (G + P)_{Öl}} = \frac{0,2232 \cdot 0,871}{0,2232 + 10,3972 - 10,4728}$$

$$= \mathbf{1,317 \ g/ccm}$$

Die in letzten Jahren hergestellte Azetatseide hat durchschnittlich ein
Eigengewicht von 1,333 g/ccm (vgl. die Zusammenstellung auf S. 118).

b) Bestimmung des scheinbaren spezifischen Gewichtes
der Einzelfaser.

Nach Ausplanimetrierung von 20 gezeichneten Einzelfaserquer-
schnitten ergab sich im Mittel:

$$\begin{aligned}
\text{Gesamtfläche} \quad & F_{ges} = 572,0 \ q\mu = 100,00\% \\
\underline{- \ \text{Hohlraum} \quad} & \underline{F_H = 202,5 \ q\mu = \ \ 35,35\%} \\
\text{Wandfläche} \quad & F_W = 369,5 \ q\mu = \ \ 64,65\%
\end{aligned}$$

Aus diesen Daten berechnet sich das scheinbare spez. Gewicht der
Einzelfaser zu:

$$\sigma_E = \frac{F_W \cdot s_P}{F_{ges}} + \frac{F_H \cdot s_L}{F_{ges}} = 0,6465 \cdot 1,317 + 0,3535 \cdot 0,001293 = \mathbf{0,852 \ g/ccm}$$

[s_L = spez. Gewicht der Luft, s_P = wirkl. spez. Gewicht der Fasersubstanz nach a)].

Der Luftgehalt der Einzelfaser ergibt sich aus:

$$L_E = \frac{F_H}{F_{ges}} \times 100 = \frac{s_P - \sigma_E}{s_P} \times 100 = \mathbf{35,35\%}.$$

c) Bestimmung des scheinbaren spezifischen Gewichtes
des Fadens.

Aus der mikroskopisch gemessenen durchschnittlichen Garndicke
$d = 0,1702$ mm und der mittels Waage und Weife ermittelten metrischen
Fadennummer $N_m = 118,3$ folgt für das scheinbare spezifische Gewicht
des Azetatseidengespinstes:

$$\sigma_G = \frac{1,2732}{N_m \cdot d^2} = \frac{1,2732}{118,3 \cdot (0,1702)^2} = \mathbf{0,371 \ g/ccm}.$$

Der Gesamtluftgehalt des Gespinstes (einschließlich der in und zwischen den Einzelfasern befindlichen Luft) beträgt:

$$L_G = \frac{s_P - \sigma_G}{s_P} \times 100 = \frac{1{,}317 - 0{,}371}{1{,}317} \times 100 = 71{,}9\ \%.$$

Übung 25.

Aufgabe: Es ist die Dicke eines stark gerauhten Gewebes a) mittels eines der gebräuchlichen Dickenmesser und b) auf mikroskopischem Wege zu bestimmen.

Erfordernisse: Zu a) Schraubenmikrometer oder automatischer Dickenmesser, z. B. von Schopper.

Zu b) Mikroskop mit schwachem Objektiv (a* von Zeiß) und Okular $2\times$ mit Mikrometerteilung, Objektmikrometer, zwei Stabilit- oder Holzklötzchen, scharfes Rasiermesser, evtl. auch besonderes Betrachtungsprisma nach A. Herzog.

Ausführung: Zur Messung der Dicke von Geweben werden meistenteils Schraubenmikrometer mit oder ohne Gefühlsschraube, Lehren und Taster aller Art verwendet, die den Anforderungen auch vollständig genügen, wenn es sich um harte, d. h. wenig zusammendrückbare oder glatte Gewebe handelt. Bei weichen und sehr elastischen Stoffen hingegen (z. B. bei Filzen, Samt, Plüsch, Barchent, Flauschstoffen usw.) liefert die Dickenmessung mit Hilfe der genannten Einrichtungen sehr unzuverlässige und fast immer zu niedrige Werte, da der Meßdruck jeweils sehr verschieden und meist zu groß ist. Es empfiehlt sich daher in solchen Fällen, die Messung mikroskopisch in der Weise vorzunehmen, daß man etwa 1 qcm des zu prüfenden Gewebes senkrecht auf die Kante stellt und zwischen zwei auf einem Objektträger ruhende Stabilit- oder Holzklötzchen schiebt, wodurch die senkrechte Lage des Prüfstückes während der Messung stets erhalten bleibt. Nun kann in üblicher Weise bei jeder gewünschten Vergrößerung die Dicke mittels eines vorher genau geeichten Okularmikrometers bestimmt werden. Durch Verschieben des Objektträgers bringt man sehr leicht verschiedene Stellen zur Messung. Unumgänglich erforderlich ist aber bei dieser Meßmethode eine scharfe Schnittkante des Gewebes an der zu messenden Seite. Die Messung ist selbstverständlich bei auffallendem Licht vorzunehmen.

In noch bequemerer Weise läßt sich die mikroskopische Dickenbestimmung von Geweben mit Hilfe eines kleinen Reflexionsprismas ausführen. Hierbei wird die Schnittfläche der horizontal liegenden Stoffprobe möglichst nahe an die vordere Vertikalfläche eines total reflektierenden Prismas gebracht, dieses zum Objektiv annähernd zentriert und in gewöhnlicher Weise mikroskopisch eingestellt. Infolge der Spiegelwirkung des Prismas tritt bei dieser Methode nur die Seitenansicht des Gewebestückes in die Erscheinung, und es ist ein leichtes, die Dicke mit einem Okularmikrometer zu messen.

Beispiel: In einem der Praxis entnommenen Fall ergab die Dickenmessung eines stark gerauhten, schweren Streichwollfilzes folgende Ergebnisse:

a) Anzeige des automatischen Dickenmessers von Schopper im Mittel aus 10 Einzelversuchen:

$$d = 4{,}36 \text{ mm.}$$

b) Die mikroskopische Dickenbestimmung lieferte als Mittelwert aus ebenfalls 10 Einzelmessungen bei einem Teilwert des Okularmikrometers von $250\,\mu$:

$$d = 20{,}5 \text{ Teilstriche} = 20{,}5 \times 250\,\mu = 5125\,\mu = 5{,}13 \text{ mm.}$$

Wie ein Vergleich der beiden erhaltenen Dickenwerte zeigt, ergab die mittels des gebräuchlichen Dickenmessers vorgenommene Bestimmung infolge des harten Stempeldrucks einen um 0,77 mm, d. h. um etwa 15% zu niedrigen Wert gegenüber der Wirklichkeit.

Übung 26.

Aufgabe: Es ist a) die mittlere technische Faserlänge der Bastbündel in einem Hechelflachs und b) die durchschnittliche Zellänge in einem Flachsgespinst zu bestimmen.

Erfordernisse: Glasplatte mit eingeritztem Maßstab oder schwarze Samtplatte und Zelluloidmaßstab, Pinzetten, Präpariernadeln, 10%ige Sodalösung (zu b).

Ausführung: Die exakte experimentelle Bestimmung der mittleren Faserlänge an ungeordnetem Fasermaterial gehört zu den schwierigsten Aufgaben der textilen Untersuchungstechnik und erfordert die größte Sorgfalt bei der Ausführung, um einigermaßen brauchbare Ergebnisse zu erzielen. Insbesondere gilt dies für die Untersuchung von Bastfasermaterialien, wo die bekannten und hauptsächlich für Baumwolle und Wolle ausgearbeiteten abgekürzten Stapelmeßmethoden aus hier nicht näher zu erörternden Gründen nicht in Frage kommen. In diesem Falle ist es zweckmäßig, das allerdings mühsame und zeitraubende, aber noch am meisten zuverlässige Einzelauszählverfahren anzuwenden. Das Arbeiten nach dieser Methode gestaltet sich folgendermaßen:

Dem zu untersuchenden Material werden wahllos (also kurze und lange Fasern, wie sie einander folgen) mindestens 100 Fasern entnommen — je mehr, um so genauer das Ergebnis —, sodann ihre Längenmaße mittels eines Maßstabes festgestellt und diese verzeichnet. Am zweckmäßigsten verfährt man hierbei in der Weise, daß man die Fasern auf einer mit Meßskala versehenen Glasplatte durch Öl hindurchzieht, wobei eine ungezwungene Streckung ohne Dehnung stattfindet und außerdem die Messung gleichzeitig sehr bequem vorgenommen werden kann. Nunmehr entwirft man entweder ein regelrechtes Stapeldiagramm, wobei die einzelnen Faserlängen ihrer Größe nach geordnet in gleichen Abständen aufgetragen werden (vgl. Übung 27), oder es werden die Fasern prozentual in bestimmte Längenklassen eingeordnet oder es kann schließlich auch nur die wirkliche Durchschnittsfaserlänge berechnet werden. Letztere erhält man einfach durch Division der Gesamtlänge aller gemessenen Fasern (L_{ges}) durch die Anzahl derselben (z_{ges}):

$$\text{mittlere Faserlänge } l_m = \frac{L_{ges}}{z_{ges}}$$

Bei Bestimmung der Zellänge von Bastfasern ist es erforderlich, zunächst die einzelnen Bastzellen aus den Bündeln vollständig und unverletzt zu isolieren („mazerieren"). Dies geschieht am besten durch längeres Kochen mit 10%iger Sodalösung, wobei die Zellbündel gelockert, d. h. die zwischen benachbarten Zellen vorhandenen Mittellamellen soweit zerstört werden, daß eine vollständige Trennung in Einzelzellen nunmehr auf mechanischem Wege mittels feiner Nadeln leicht bewerkstelligt wird. Nach dieser Vorbehandlung läßt sich die Längenmessung in der beschriebenen Weise ohne jede Schwierigkeit vornehmen.

Beispiele: a) Bestimmung der technischen Faserlänge. Bei der Untersuchung eines russischen taugerösteten Hechelflachses ergab sich als Gesamtlänge von 100 gemessenen Fasern:

$$L_{ges} = 2565 \text{ cm} = 25{,}65 \text{ m}$$

Hieraus berechnet sich die Durchschnittsfaserlänge zu:

$$l_m = \frac{L_{ges}}{z_{ges}} = \frac{2565}{100} = \mathbf{25{,}65 \text{ cm.}}$$

Im vorliegenden Falle wurde ferner zwecks Ermittlung der den Bastbündeln zukommenden metrischen Feinheitsnummer das Gesamtgewicht aller zur Messung gelangten Fasern bestimmt:

$$G_{ges} = 0{,}1283 \text{ g.}$$

Aus L_{ges} und G_{ges} ergibt sich die durchschnittliche Faserfeinheit $\mathfrak{N}_m$ zu:

$$\mathfrak{N}_m = \frac{L_{ges}\,(m)}{G_{ges}\,(g)} = \frac{25{,}65}{0{,}1283} = \mathbf{200.}$$

Längengruppe	Anzahl der Fasern
1,0—1,49 cm	0
1,5—1,99 ,,	1
2,0—2,49 ,,	4
2,5—2,99 ,,	9
3,0—3,49 ,,	16
3,5—3,99 ,,	16
4,0—4,49 ,,	14
4,5—4,99 ,,	11
5,0—5,49 ,,	12
5,5—5,99 ,,	9
6,0—6,49 ,,	6
6,5—6,99 ,,	2
Summe aller gemessenen Fasern	100

b) Bestimmung der mittleren Zelllänge. In einem bestimmten, der Praxis entnommenen Fall ergab die Messung von 100 Flachseinzelzellen die in nebenstehender Übersicht zusammengestellten und nach Längenklassen geordneten Werte. Wie ersichtlich, beträgt die am häufigsten vorkommende Zellänge 3—4 cm, was mit den auf S. 82 angegebenen Zahlen Zahlen übereinstimmt.

Übung 27.

Aufgabe: Es ist a) der Handels- und der Mittelstapel einer Rohbaumwolle und b) die mittlere Faserlänge im Quer-

schnitt eines Baumwollgespinstes sowie das Mengenverhältnis der einzelnen Faserlängen nach der Müllerschen
Faserbartmethode zu bestimmen. In beiden Fällen soll
ein Faserlängenschaubild (Stapeldiagramm) aufgestellt
werden.

Erfordernisse: Zu a) wie in Übung 26 oder Stapelsortierapparat
nach Johannsen-Zweigle.

Zu b) Mit Leder oder Papier ausgefütterter Feilkloben bzw. Flach-
zange, kleine harte und weiche Bürste, scharfes Rasiermesser, schwarze
Samtplatte, Maßstab mit Millimeterteilung, analytische oder mikro-
metrische Waage (z. B. Torsionswaage mit $\pm$ 0,05 mg Genauigkeit),
Uhrgläser.

Ausführung: Unter der „Handelsstapellänge" eines Spinn-
materials versteht man die mittlere Länge der vorkommenden längsten
Fasern, die „annähernde Höchstlänge" der Fasern oder nach einer
anderen Begriffsbestimmung diejenige Faserlänge, welche von ungefähr
10% aller Fasern überschritten wird. Die Bestimmung des Handels-
stapels wird in der Praxis meist nicht durch ein exaktes Meßverfahren,
sondern durch einfache Schätzung vorgenommen, die auch in den Hän-
den des geübten Fachmanns brauchbare Ergebnisse liefert. Die Güte
eines Rohstoffs hängt jedoch nicht von den immer nur in geringer Menge
vorhandenen längsten Fasern ab, hauptausschlaggebend für den technischen Spinnwert eines Fasergutes ist die Durchschnittslänge
sämtlicher im Rohmaterial vorkommenden Fasern, der sogenannte
„Mittelstapel" als eigentlicher Träger der Fadenfestigkeit. Es wird
also eine Baumwollsorte einer anderen stets dann vorzuziehen sein,
wenn die größte Häufigkeit unter den mittellangen Fasern auftritt bei
gleichzeitig geringer Häufigkeit der längsten und der kürzesten Fasern.
Letztere ergeben, wenn zahlreich vorhanden, nicht nur einen geringeren
Mittelstapel, sondern verursachen auch beim Spinnen mehr Abfall. Für
die Beurteilung eines Faserrohstoffs ist es daher außerordentlich
wichtig, das „Mengenverhältnis" der einzelnen Faserlängen und
den Prozentsatz der in überwiegender Menge vorhandenen Fasern,
die „häufigste" Faserlänge zu kennen. Hierüber gibt das „Stapeldiagramm" oder „Faserlängenschaubild" Aufschluß.

a) Von den zahlreichen Stapelbestimmungsmethoden liefert das
Einzelausmeß- und -auszählverfahren, wenn auch mühselig und zeitraubend in der praktischen Durchführung, die genauesten Ergebnisse,
sofern eine ausreichende Anzahl Fasern zur Messung gelangt. Man entnimmt der zu untersuchenden Baumwolle ein größeres Faserbüschel und
ordnet dieses durch mehrmaliges Doublieren von Hand vor, wodurch
ein annäherndes Parallelliegen der Fasern erreicht wird. Nunmehr
werden diesem Büschel wahllos mindestens 100 Fasern entnommen, gemessen und die einzelnen Längenwerte als Ordinate, die ermittelte Anzahl als Abszisse eines Koordinatensystems eingetragen. Um derartige
Faserlängenschaubilder verschiedener Materialien unmittelbar vergleichen zu können, empfiehlt es sich, entweder immer die gleiche Anzahl

Fasern zur Messung heranzuziehen oder die erhaltene Gesamtfaseranzahl
auf eine gleiche Basis von $b = 100$ zu reduzieren und die übrigen Einzelwerte hiernach prozentual umzurechnen. Die mittlere Faserlänge (der
Mittelstapel) kann schließlich entweder, wie in Übung 26 ausgeführt,
errechnet oder graphisch bestimmt werden. Zu diesem Zwecke ver-

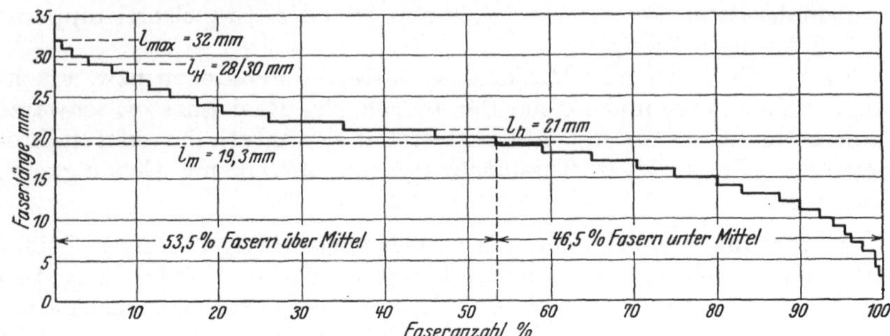

Abb. 1. Stapeldiagramm nach dem Einzelauszählverfahren.

wandelt man das Faserlängenschaubild in ein flächengleiches Rechteck
F, dessen Höhe die gesuchte Durchschnittsfaserlänge l_m ist:

$$l_m = \frac{F}{b}$$

Eine einfachere, schneller zum Ziele führende und daher für die
Praxis besonders geeignete Methode zur Bestimmung des Handels-
stapels, der mittleren Faserlänge und der Häufigkeitswerte der einzelnen
Faserlängen hat Johannsen ausgearbeitet. Dieses „Kämmverfahren" verzichtet vollständig auf das zeitraubende Auszählen der
Fasern, es werden vielmehr in Anlehnung an das unter b) beschriebene
Prinzip der Müllerschen Methode die Anteile der einzelnen Faser-
längengruppen gewichtsmäßig bestimmt. Das Arbeiten nach diesem
Verfahren erfordert einen besonderen Apparat mit doppeltem Nadelfeld,
der von der Fa. K. Zweigle-Reutlingen hergestellt wird und dem eine
genaue Anleitung zur Ausführung der Untersuchungen beigegeben ist.

b) Neben dem von Johannsen speziell für Baumwolle und Wolle
ausgearbeiteten Kämmverfahren kommt als Ersatz der umständlichen
Einzelauszählmethode das „Faserbartverfahren" von E. Müller in
erster Linie in Betracht, das jedoch nur bei Gespinsten anwendbar ist.

1. Die Bestimmung der mittleren Faserlänge im Gespinstquerschnitt. Zunächst wird in üblicher Weise die mittlere
metrische Feinheitsnummer des zu untersuchenden Gespinstes ermittelt
(vgl. Übung 32a). Dann klemmt man ein Stück, welches größer als die
längste vorkommende Faser ist, an einem Ende in einem mit Leder oder
Papier ausgefütterten Feilkloben ein und dreht das Gespinst in einer
Entfernung von 30—40 mm von der Klemmstelle mit Daumen und
Zeigefinger der rechten Hand so lange auf, bis sich die Fasern leicht aus-
einanderziehen lassen. Alle übrigen losen, nicht von der Zange gefaßten
Haare werden entweder durch mehrfaches vorsichtiges Ausbürsten oder

bei feinen Nummern durch leichtes Ausziehen mit der Hand entfernt. Den auf diese Weise hergestellten Faserbart schneidet man schließlich mit einem scharfen Rasiermesser dicht an der Klemmstelle glatt ab und bestimmt das Gewicht G dieses Bartes. Die mittlere Faserlänge im Querschnitt (l_m in mm) ist dann gleich dem doppelten Bartgewicht (G in mg), multipliziert mit der metrischen Feinheitsnummer (N_m) des Gespinstes:

$$l_m = 2 \cdot G \cdot N_m.$$

Das in dieser Formel einzusetzende Bartgewicht G wird zweckmäßig als Mittelgewicht aus einer größeren Anzahl von Faserbärten bestimmt. Voraussetzung für diese Methode ist die Annahme einer ideal gleichmäßigen Verteilung der einzelnen Faserlängen im Gespinst, was praktisch für die Mehrzahl aller Fälle auch wirklich zutrifft.

2. Die Bestimmung des Mengenverhältnisses der einzelnen Faserlängen im Querschnitt eines Gespinstes. Das Müllersche Verfahren setzt Proportionalität zwischen dem Gewicht g eines Faserbartstückes und der in ihm befindlichen Faseranzahl n voraus:

$$g = \mathrm{const.} \times n$$

Auf Grund dieser Beziehung wird das Mengenverhältnis der einzelnen Faserlängen im Querschnitt aus den Gewichten der immer um einen bestimmten Betrag gekürzten Faserbärte in folgender Weise bestimmt:

Man stellt zunächst das Gewicht G eines ganzen Faserbartes fest und mißt die längste Faser (l_{max}). Diese betrage z. B. 30 mm. Nun ermittelt man das Gewicht eines um 5 mm gekürzten, also auf 25 mm abgeschnittenen Bartes (G_1). Dann gibt die Gewichtsdifferenz $G - G_1$ an, in welcher Menge alle 25—30 mm langen Fasern in dem Barte enthalten sind. Fertigt man nun wieder einen Bart, kürzt diesen um 10 mm und bestimmt das Gewicht des 20 mm langen Bartstückes (G_2), so ist die Gewichtsdifferenz $G - G_2$ ein Maßstab für das Mengenverhältnis aller über 20 mm langen Fasern. Fährt man nun so fort, indem man die ausgekämmten Bärte immer um gleiche Längeneinheiten verkürzt, diese Längeneinheiten der einzelnen Faserbartstücke auf der Ordinate, die entsprechenden Gewichtsdifferenzen auf der Abszisse eines Koordinatensystems abträgt, so erhält man eine Reihe von Rechtecken, eine „Treppenlinie", deren „Stufenhöhe" der gewählten Faserlängenunterteilung entspricht. Da der Übergang von der größten Faserlänge zur kleinsten ein stetiger ist, ersetzt man diese Treppenlinie durch einen der Wirklichkeit entsprechenden, stetig verlaufenden Kurvenzug, wobei die gebildete neue Diagrammfläche mit den einzelnen Teilflächen inhaltsgleich sein muß. Dieses Faserbartdiagramm zeigt das Längenverhältnis der Fasern im Querschnitt des Gespinstes, nach der einen Seite hin gestaltet. Unter der Annahme, daß bei einem gleichmäßigen Gespinst der nach der anderen Seite der Einspannlinie sich erstreckende Faserbart, gehörig geordnet, dieselbe Form aufweist, also auch die Faserbartkurve nach der anderen Hälfte hin die gleiche ist, wird nunmehr zu der erhaltenen Faserbartkurve I durch eine besondere

Tangentenkonstruktion die gleiche Kurve graphisch addiert (vgl. Abbildung 2), wodurch der Kurvenzug II erhalten wird, der das gesuchte Mengenverhältnis der Faserlängen im gesamten Gespinstquerschnitt darstellt. Aus dem Flächeninhalt des Diagramms und aus der Basis errechnet sich in der bereits erläuterten Weise die gesuchte mittlere Faserlänge l_m.

Bei den einzelnen Gewichtsbestimmungen erweist es sich als zweckmäßig, die Bärte auf einem Uhrglas zur Wägung zu bringen und stets das Mittel von mindestens 5 Beobachtungen zu nehmen. Auf diese Weise vermeidet man am besten alle Willkürlichkeiten und Zufälligkeiten beim Auskämmen und Herstellen der einzelnen Faserbärte. Die Feinheit der Faserlängenunterteilung, d. h. die Stufenhöhe wird in geeigneter Weise dem jeweils zu untersuchenden Material angepaßt.

Beispiele: a) Bei der Untersuchung einer Rohbaumwolle nach dem Einzelauszähl- und -ausmeßverfahren wurden in einem bestimmten Falle folgende Werte ermittelt (s. nebenstehende Tab.).

Der ermittelte Wert von 28/30 mm für die Handelsstapellänge läßt den Schluß zu, daß es sich bei dem vorliegenden Material aller Wahrscheinlichkeit nach um eine amerikanische Baumwollqualität handelt. Aus dem Faserlängenschaubild (Abb. 1) erkennt man, daß die Verteilung

Faserlänge	Anzahl aller gleichlangen Fasern	Gesamtlänge aller gleich langen Fasern	Anteil der einzelnen Faserlängen an der Gesamtfaseranzahl
l (mm)	z	L (mm) $= z \cdot l$	%
3	1	3	0,5
4	1	4	0,5
5	0	0	0,0
6	3	18	1,5
7	3	21	1,5
8	1	8	0,5
9	3	27	1,5
10	3	30	1,5
11	5	55	2,5
12	5	60	2,5
13	9	117	4,5
14	6	84	3,0
15	10	150	5,0
16	9	144	4,5
17	11	187	5,5
18	12	216	6,0
19	11	209	5,5
20	15	300	7,5
21	22	462	11,0
22	18	396	9,0
23	11	253	5,5
24	6	144	3,0
25	7	175	3,5
26	5	130	2,5
27	5	135	2,5
28	4	112	2,0
29	6	174	3,0
30	4	120	2,0
31	2	62	1,0
32	2	64	1,0
	$z_{ges} = 200$	$L_{ges} = 3860$ mm	100,0%

$$l_m = \frac{L_{ges}}{z_{ges}} = \frac{3860}{200} = 19,3 \text{ mm}$$

größte Faserlänge l_{max} = ... 32 mm,
Handelsstapellänge l_H = ... 28/30 mm,
häufigste Faserlänge l_h = ... 21 mm,
mittlere Faserlänge (Mittelstapel) l_m = 19,3 mm,
Anzahl der Fasern über der Durchschnittslänge 53,5%
Anzahl der Fasern unter der Durchschnittslänge . . . . 46,5%.

der einzelnen Faserlängen im Stapel eine recht gleichmäßige ist: 53,5% aller Fasern liegen über der Durchschnittsfaserlänge von 19,3 mm; die größte Häufigkeit tritt demnach unter den längeren Fasern auf. Außerdem ist der prozentuale Anteil der kürzesten Fasern recht gering (nur 6,0% unter 10 mm), so daß mit nur wenig Spinnabfall zu rechnen ist.

Außer den vorstehenden Angaben über die Faserlänge kommen für die qualitative Wertbeurteilung von Rohbaumwolle noch folgende kennzeichnende Eigenschaften hauptsächlich in Betracht: 1. Faserfeinheit, 2. Gehalt an minderwertigen Fasern (d. h. an toten, halb- und unreifen sowie anormalen Haaren), 3. Gehalt an Verunreinigungen (Laub, Staub, Sand, Schalen usw.), 4. Faserfestigkeit und Bruchdehnung, 5. Farbe und Farbaufnahmefähigkeit, 6. Glanz und 7. Merzerisierfähigkeit (nur in besonderen Fällen erforderlich). Über die Untersuchung einiger dieser wertbestimmenden Faktoren vgl. die Übungen 16, 17, 28 und 35.

b) Die Bestimmung der mittleren Faserlänge im Querschnitt eines Baumwollvorgespinstes, einer Feinflyerlunte, nach der Müllerschen Faserbartmethode ergab folgende Ergebnisse:

Gewicht von 1 m Vorgespinst im Mittel
aus 10 Wägungen . . . . 0,153 g

Folglich ist die metrische Feinheitsnummer des Gespinstes:

$$N_m = \frac{L\,(\mathrm{m})}{G\,(\mathrm{g})} = \frac{1}{0,153} = 6,53.$$

Gewicht von 5 ungekürzten Faserbärten . . 5,720 mg
Mittleres Faserbartgewicht . . . . $G = 1,144$ mg.

Hieraus berechnet sich die mittlere Faserlänge im Querschnitt nach der Müllerschen Formel zu:

$$l_m = 2 \cdot G \cdot N_m = 2 \cdot 1,144 \cdot 6,53 = \mathbf{14,94 \ mm.}$$

Werte zur Aufstellung des Stapeldiagramms:

Länge der gekürzten Faserbärte mm	Gewicht der gekürzten Faserbärte im Mittel aus je 5 Wägungen mg	Mittlere Gewichtsdifferenz der Faserbartstücke mg
$l_1 = 25$	$G_1 = 1,135$	$G - G_1 = 0,009$
$l_2 = 20$	$G_2 = 1,079$	$G - G_2 = 0,065$
$l_3 = 15$	$G_3 = 0,926$	$G - G_3 = 0,218$
$l_4 = 10$	$G_4 = 0,677$	$G - G_4 = 0,467$
$l_5 = 5$	$G_5 = 0,339$	$G - G_5 = 0,805$

Längste Faser im Mittel aus 5 Messungen:

$$l_{\max} = 30 \ \mathrm{mm}.$$

Durch Ausplanimetrieren des Faserlängendiagramms (Abb. 2) wurde im vorliegenden Falle die mittlere Faserlänge im Gespinstquerschnitt zu:

$$l_m = \mathbf{15,7 \ mm}$$

errechnet. Nach der E. Müllerschen Formel ergibt sich aus hier nicht näher zu erörternden Gründen meist eine etwas kürzere mittlere

Faserlänge als dem aus der Faserbartkurve II graphisch bestimmten Wert entspricht. Die im Gespinst ermittelte Durchschnitts-

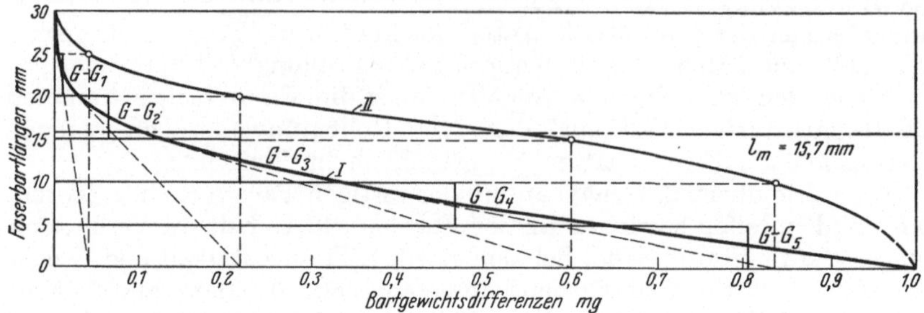

Abb. 2. Stapeldiagramm nach der E. Müllerschen Faserbartmethode.

faserlänge ist selbstredend nicht mit dem Mittelstapel der verwendeten Rohbaumwolle zu identifizieren, da letztere bei der Verarbeitung stets eine mehr oder weniger erhebliche Verkürzung erfährt.

Übung 28.

Aufgabe: Die mittlere Feinheitsnummer der Wollhaare in einem Kammgarn ist nach einem der nachfolgenden Verfahren zu bestimmen:

    a) durch Auszählen der Einzelfasern im Garnquerschnitt,
    b) durch direkte Wägung und Längenmessung,
    c) durch mikroskopische Faserdickenmessung und
    d) durch mikroskopische Querschnittsflächenermittlung.

Erfordernisse: zu a) wie bei Übung 11, hierzu Weife und Waage; zu b) wie bei Übung 26, hierzu Mikrowaage.

zu c) Mikroskop mit stärkerem Objektiv und Okularmikrometer, Objektmikrometer;

zu d) wie bei Übung 10.

Ausführung a) Zunächst wird in bekannter Weise die metrische Feinheitsnummer des zu untersuchenden Garnes bestimmt. Sodann entnimmt man verschiedenen Fadenteilen kurze Stücke von etwa je 5 mm Länge, wobei auffallend dicke und abnorm dünne Fadenstellen unberücksichtigt bleiben, und zieht die Einzelfasern unter Zuhilfenahme einer Präpariernadel auf einer andersfarbigen Samtunterlage vorsichtig auseinander. Durch Fortnehmen einzelner dieser Haarstücke mit einer Pinzette geht die Zählung der in je einem der abgeschnittenen Fadenstückchen enthaltenen Einzelhaare rasch vonstatten und läßt sich bei etwa 20—50 Haaren im Gespinstquerschnitt unter der Lupe oder schwach vergrößerndem Mikroskop bequem bewirken (vgl. hierzu auch Übung 11 und 32). Die mittlere Faserzahl im Garnquerschnitt multipliziert mit der gramm-metrischen Gespinstnummer ergibt die durchschnittliche metrische Feinheitsnummer der das Garn bildenden Wollhaare.

b) Soll für ein Gespinst neben der Feinheit der Einzelhaare auch gleichzeitig die mittlere Faserlänge bestimmt werden (vgl. Übung 26), so empfiehlt sich folgende Methode: Nach erfolgter Längenmessung werden sämtliche für die Ermittlung der Faserlänge herangezogenen Einzelhaare mit einem Uhrglas bedeckt, damit keine Faser verloren geht, und nach Beendigung der Längenmessung zur Wägung auf eine sehr empfindlichen Waage (Mikrowaage) gebracht. Ist die Gesamtlänge der gemessenen Haare als Summe aller Einzelhaarlängen bekannt, läßt sich mit Hilfe des Gesamtfasergewichtes auch leicht die mittlere metrische Faserfeinheitsnummer finden.

c) Die Bestimmung der Faserfeinheitsnummer aus der Faserdicke ist allgemein nur bei Fasern mit vollkommen oder wenigstens nahezu kreisrunden Querschnittsflächen zulässig, also z. B. bei Wollhaaren, die in der Regel einen nur schwach elliptisch geformten Querschnitt aufweisen. Da bei der Dickenmessung stets eine größere Anzahl von Einzelhaaren geprüft werden müssen, um brauchbare und zuverlässige Durchschnittswerte zu erhalten, erfaßt man bei der Messung aller Wahrscheinlichkeit nach sowieso teils die größere, teils die kleinere Ellipsenachse, so daß sich die vorhandenen Dickendifferenzen meist ausgleichen werden und infolgedessen auch der wirklich entstehende Fehler bei Annahme einer kreisförmigen Querschnittsfläche nur sehr gering ist. Mittels eines vorher genau geeichten Okularmikrometers (vgl. Übung 1) läßt sich die Dickenbestimmung schnell und leicht bewerkstelligen. Aus der gefundenen mittleren Faserdicke wird schließlich die Einzelfaserquerschnittsfläche als Kreisfläche berechnet und sodann hieraus und aus dem bekannten spezifischen Gewicht die gesuchte Faserfeinheitsnummer abgeleitet.

d) Nach den in Übung 10 beschriebenen Grundsätzen werden mittels eines Zeichenapparates eine größere Anzahl von Mikrotomschnitten gezeichnet, sodann nach einem der bekannten Verfahren ihrer Fläche nach ausgemessen und schließlich aus den erhaltenen Einzelwerten das arithmetische Mittel gebildet. Unter Berücksichtigung der Vergrößerung der Zeichnung ergibt sich aus dem gefundenen Mittelwert die wirkliche dem Faserquerschnitt zukommende Fläche in $q\mu$ (vgl. die Faktoren auf S. 123). Die gesuchte metrische Nummer des Haares findet man wiederum mit Hilfe des bekannten Eigengewichtes der Fasersubstanz.

Beispiel: In einem bestimmten Falle ergab die Bestimmung der mittleren metrischen Feinheitsnummer der Wollhaare in einem Kammgarn nach den vier beschriebenen Verfahren folgende Ergebnisse:

a) Es wurden 20 verschiedene Garnstellen ausgezählt und im Durchschnitt $z = 34$ Haare im Gespinstquerschnitt erhalten. Die metrische Garnnummer des Gespinstes betrug $N_m = 16{,}4$. Aus den beiden Daten berechnet sich nach der Formel:

$$\mathfrak{N} = z \cdot N_m$$
$$\mathfrak{N} = 34 \cdot 16{,}4 = 558 \left(\frac{\mathrm{m}}{\mathrm{g}}\right),$$

wobei $\mathfrak{N}$ die gesuchte Faserfeinheitsnummer bedeutet.

b) Die Gesamtlänge aller gemessenen Einzelhaare ergab sich als Summe sämtlicher Einzelfaserlängen zu:

$$L = l_1 + l_2 + l_3 + \ldots l_n = 687 \text{ cm} = 6,87 \text{ m}.$$

Das Gesamtgewicht aller gemessenen Haare betrug:

$$G = 12,32 \text{ mg} = 0,01232 \text{ g}$$

Aus diesen beiden Werten folgt für die mittlere metrische Faserfeinheitsnummer:

$$\mathfrak{N} = \frac{L}{G} = \frac{6,87}{0,01232} = \mathbf{558}\left(\frac{\text{m}}{\text{g}}\right)$$

c) Bei der mikroskopischen Dickenmessung wurde der mittlere Haardurchmesser aus 20 Einzelbestimmungen zu:

$$d = 42,5\,\mu \quad \text{gefunden.}$$

Demnach beträgt der als Kreisfläche angenommene Einzelfaserquerschnitt:

$$F = \frac{d^2 \cdot \pi}{4} = \frac{42,5 \cdot 42,5 \cdot \pi}{4} = 1418,63 \text{ q}\mu$$

Für die gesuchte metrische Faserfeinheitsnummer folgt nach der auf S. 124 angegebenen Formel:

$$\mathfrak{N} = \frac{10^6}{s^{\,\text{g/ccm}} \cdot F^{\,\text{q}\mu}} = \frac{k}{F} = \frac{757\,575}{1418,63} = \mathbf{534}\left(\frac{\text{m}}{\text{g}}\right)$$

d) Die mikroskopische Querschnittsbestimmung lieferte im Durchschnitt aus 20 Einzelmessungen eine Wolleinzelhaarquerschnittsfläche von:

$$F = 1330 \text{ q}\mu.$$

Demnach ist:

$$\mathfrak{N} = \frac{757\,575}{1330} = \mathbf{570}\left(\frac{\text{m}}{\text{g}}\right)$$

Für das untersuchte Kammgarn berechnet sich im Mittel aus den Ergebnissen der vier verschiedenen Bestimmungsmethoden die Einzelfaserdurchschnittsnummer zu

$$\mathfrak{N}_m = \mathbf{555}\left(\frac{\text{m}}{\text{g}}\right)$$

Hierbei weichen die unter c) und d) gefundenen Werte am meisten vom Gesamtdurchschnittsergebnis ab und zwar in dem einen Fall um $-3,8\%$, im anderen um $+2,7\%$. Diese außerordentlich geringen Fehlerprozente liegen innerhalb der bei den einzelnen Verfahren erzielbaren Versuchsgenauigkeit.

Übung 29.

Aufgabe: Von einer Baumwollgarnsendung soll das Handelsgewicht und die durchschnittliche Garnnummer festgestellt werden.

Erfordernisse: Zwei Konditionierapparate, Waage und Weife.

Ausführung: Zur Feststellung des Handelsgewichtes einer Sendung wird zunächst das Gesamtgewicht einer Kiste ermittelt, hiervon die Kistentara abgezogen und das Nettogewicht bestimmt. Von dem so erhaltenen Nettogewicht (Gewicht von Garn + Hülsen) geht nun noch das Hülsengesamtgewicht ab, um das Garnreingewicht zu erhalten. Vom Garn sind drei Proben (Lose) zu entnehmen (zu ziehen), zur Nummerbestimmung abzuweifen und genau zu wiegen. Die Feststellung des Kistenbruttogewichtes, der Kistentara, das Ziehen der drei Lose und deren Wägung haben möglichst gleichzeitig zu geschehen, um jede Gewichtsveränderung durch Anziehen oder Ausdunsten von Wasser zu vermeiden. Nachdem erfolgt das Trocknen von zwei Losen in je einem Trockenapparat bei 105—110°C. Die Trocknung erfolgt solange, bis das zuletzt festgestellte Gewicht nach 10 Minuten weiterer Trockenzeit weniger als 0,05% Feuchtigkeit verliert. Hiernach muß angenommen werden, daß das Garn vollständig getrocknet, also das enthaltene Wasser gänzlich verdunstet ist. Sind die beiden Trockenlose fertig getrocknet, wird der Feuchtigkeitsgehalt in Prozent auf 100 Teile Trockensubstanz errechnet, der sich aus dem Garngewicht vor und nach dem Trocknen ergibt. Der höchst zulässige Unterschied zwischen den beiden Konditionierungen darf 0,5% nicht überschreiten, andernfalls auch das dritte als Reserve zurückgelegte Los in gleicher Weise getrocknet werden muß. Überschreitet alsdann der größte Unterschied der drei Austrocknungen nicht 1,0%, so wird das Mittel der drei Konditionierergebnisse der Berechnung des Handelsgewichtes zugrunde gelegt. Zu dem erhaltenen Trockengewicht wird nun der gesetzlich festgelegte Feuchtigkeitszuschlag (die „Reprise", vgl. Tabelle auf S. 107) gerechnet. Hat man auf diese Weise das Normalgewicht der Proben ermittelt, kann durch Umrechnung leicht das Normalhandelsgewicht der ganzen Kiste oder Sendung bestimmt und, da die Gesamtfadenlänge der Lose bekannt ist, auch die konditionierte Garnnummer (Handelsnummer) berechnet werden. Wie die Verrechnung eines von den gesetzlich festgelegten Bestimmungen abweichenden Feuchtigkeitsgehaltes und die Vergütung für eine nicht eingehaltene Sollnummer in der Praxis erfolgt, zeigt nachfolgendes Beispiel.

Beispiel: In einem bestimmten Falle ergab die Prüfung einer Garnsendung hinsichtlich Feuchtigkeitsgehalt, Handelsgewicht und Garnnummer:

Bruttogewicht der Kiste	195,3 kg
Kistentara	− 32,5 kg
Nettogewicht von Garn + Hülsen . . .	162,8 kg
Gesamtgewicht der Hülsen	− 28,9 kg
Garnreingewicht der Kiste	**133,9 kg.**

Die Kiste enthielt 2325 Kopse, deren Hülsengewicht sich durch Umrechnung der zur Nummerbestimmung abgeweiften Proben auf die Gesamtzahl bestimmen läßt:

10 Hülsen wiegen 124,27 g, demnach 2325 Hülsen 28,89 kg.

Die Aufstellung der Konditionierergebnisse der Lose ist folgende:

Los Nr.	Rohgewicht (Garn + Hülsen)	Hülsengewicht	Garnreingewicht vor dem Trocknen	Garnreingewicht nach dem Trocknen	Verlust	Feuchtigkeit auf 100 Teile Trockensubstanz
1	349,960 g	60,700 g	289,260 g	260,520 g	28,740 g	11,03%
2	355,810 g	63,570 g	292,240 g	262,800 g	29,440 g	11,20%
3	—	—	—	—	—	—
im ganzen	705,770 g	124,270 g	581,500 g	523,320 g	58,180 g	11,12%

8,5 Teile zulässige Feuchtigkeit auf 100 Teile Trockengewicht . . . . =	44,482 g
Normalfeuchtes Gewicht der Proben =	567,802 g

Da die beiden Trocknungsergebnisse nur um 0,17% voneinander abweichen (zulässig 0,5%), so erübrigt sich die Konditionierung des vorbereiteten dritten Loses.

Das Garnreingewicht der Sendung wurde mit 133,9 kg ermittelt; ihr Gesamtnormalhandelsgewicht errechnet sich demnach wie folgt:

581,500 g Reingewicht der Proben vor dem Trocknen ergaben ein Normalhandelsgewicht von 567,802 g; demnach müssen 133,9 kg ein Normalgewicht haben von:

$$\frac{567,802 \cdot 133,9}{581,500} = 130,75 \text{ kg}.$$

In diesem Falle war also die Garnsendung feuchter als zulässig, so daß das Normalhandelsgewicht (130,75 kg) geringer ist als das ermittelte Reingewicht der Sendung im Anlieferungszustand (133,90 kg). Die Abnahme beträgt 3,15 kg oder

$$\frac{3,15 \cdot 100}{133,90} = 2,35\,\%.$$

Um diesen Betrag ist die Rechnung des Spinners zunächst zu kürzen.

Aus der beim Weifen ermittelten Gesamtfadenlänge der Lose und aus dem normalen Handelsgewicht der Proben berechnet sich die konditionierte Garnnummer der Sendung, wie folgt:

Gesamtfadenlänge der zwei Lose (10 Kopse) . . . . $L = 14825,50$ m
Normalfeuchtes Gewicht der Proben $G = 567,802$ g
Gramm-metrische Garnnummer:

$$N_m = \frac{L}{G} = \frac{14\,825,50 \text{ m}}{567,802 \text{ g}} = 26,11$$

Englische Garnnummer: $N_e = 0,5906 \cdot 26,11 = 15,42.$

Im vorliegenden Falle war bei dem Spinner die Garnnummer 16 engl. bestellt worden, das Garn ist also, selbst auf normalfeuchten Zustand bezogen, immer noch zu grob ausgesponnen worden, wofür dem Käufer eine Vergütung zusteht. Die Berechnung dieser geschieht auf folgende Weise:

Bestellte Nummer (Soll-Nummer),
engl. 16,00
Gelieferte Nummer (Ist-Nummer) engl.,
auf normales Handelsgewicht berechnet 15,42

$$\text{Abweichung der gelieferten Garn-Nr. von der bestellten Nr. in }\% = \frac{16,00 - 15,42}{16,00} \times 100$$
$$= -\,3,63\%$$

Zulässige Abweichung für Garne der
Nr. 14—22 nach dem deutschen
Baumwollkontrakt v. 1. 4. 1913 . . $= \pm\,3,00\%$
Zu vergütende Abweichung . . . . $=\ \mathbf{0,63\%}$

Um diese 0,63% ist das Normalhandelsgewicht der Sendung, errechnet zu 130,75 kg, zu kürzen. Diese 0,63% betragen 0,82 kg, so
daß sich als endgültiges Berechnungsgewicht ergibt:

Normalhandelsgewicht . . . . 130,75 kg
Abzug wegen zu grober Nummer . . . — 0,82 kg
Endgültiges Berechnungsgewicht . . . **129,93 kg.**

In dem vorliegenden Falle muß sich der Spinner nicht nur einen
Abzug wegen Überschreitung des zulässigen Feuchtigkeitsgehaltes,
sondern auch noch eine zweite Kürzung wegen zu groben Ausspinnens
gefallen lassen.

Übung 30.

Aufgabe: Von einem Ballen Organzin ist das Handelsgewicht zu bestimmen.

Erfordernisse: Konditionierapparat.

Ausführung: Im allgemeinen wird nach den gleichen Gesichtspunkten
wie in Übung 29 verfahren: zunächst Bestimmung des Bruttogewichtes
des zur Musterung übergebenen Ballens, ferner Ermittlung der Tara und des
Nettogewichtes, dann Auswahl einer durch drei teilbaren Anzahl Muster-
stränge. Diese aus verschiedenen Teilen des Ballens stammenden Proben
werden möglichst gleichmäßig auf drei Lose verteilt, sofort gewogen,
zwei von den Mustern vorschriftsmäßig getrocknet und schließlich nach
eingetretener Gewichtskonstanz zurückgewogen. Hierauf werden die
Verluste beider Muster in bekannter Weise in Prozent umgerechnet.
Stimmen diese Ergebnisse überein oder weichen sie nicht mehr als um
$\frac{1}{3}\%$ (für Seide) voneinander ab, so ist die Konditionierung beendet und
der dritte zurückgelassene Probestrang braucht einer Trocknung nicht
unterzogen zu werden. Dem ermittelten Trockengewicht der Proben wird
der handelsübliche Zuschlag von 11,0% für Seide zugerechnet, woraus
sich das normale Handelsgewicht der Muster ergibt. Durch Umrechnung
erhält man dann auch leicht das gesuchte Handelsgewicht des ganzen
Ballen.

Beispiel:

Bruttogewicht von 1 Ballen Organzin . 165,750 kg
Tara (Verpackung) . . . . 1,875 kg
Nettogewicht = Reingewicht der Seide. **163,875 kg.**

Gezogen wurden insgesamt 18 Probestränge und hiervon werden je zweimal sechs Stränge getrocknet.

| Los-Nr. | Gewicht von je 6 Strängen | | Verlust | Feuchtigkeit auf 100 Teile Trockensubstanz |
| | vor | nach | | |
	dem Trocknen			
1	293,65 g	267,35 g	26,30 g	9,84%
2	295,61 g	268,36 g	27,25 g	10,15%
im Ganzen	589,26 g	535,71 g	53,55 g	9,99%

Unterschied der Konditionierergebnisse beider Prüfungen: 0,31% (gerade noch zulässig, da unter $^1/_3$%).

Trockengewicht der Proben . . . .   535,71 g

Handelsüblicher Zuschlag von 11% . $+$ 58,93 g

Normalhandelsgewicht der Proben. .   594,64 g

Normalhandelsgewicht des Ballens. . $\dfrac{594,64 \cdot 163,875}{589,26} = \mathbf{165,37\ kg}$

Andere Berechnungsart (einfacher, da teilweise auf graphischem Wege zu lösen):

Zunächst wird die Feuchtigkeit nicht auf 100 Teile Trockensubstanz, sondern auf 100 Teile lufttrockenes Material berechnet:

$$w_1 = \frac{53,55 \cdot 100}{589,26} = \mathbf{9,08\ \%}$$

Dieser auf die Gesamtmenge bezogene Wassergehalt w_1 ergibt sich auch aus dem bereits ermittelten Wassergehalt $w = 9,99\%$ (bezogen auf die Fasertrockensubstanz) auf folgende Weise (vgl. Formel auf S. 128):

$$w_1 = \frac{100 \cdot w}{100 + w} = \frac{999}{109,99} = \mathbf{9,08\ \%}$$

Das Handelsgewicht H für 100 Teile lufttrockene Fasersubstanz errechnet sich aus $w_1 = 9,08\%$ und aus der handelsüblichen Feuchtigkeit $r = 11,0\%$ nach der Formel (vgl. S. 128)

$$H = 100 + r - w_1 \cdot (1 + r/100)$$

zu: $H = 111 - 9,08 \cdot 1,11 = \mathbf{100,92}$ Gewichtsteile.

Dieses Handelsgewicht kann auch der graphischen Darstellung auf Tafel XIX direkt bei $w_1 = 9,08\%$ für $r = 11,0\%$ (Seide) entnommen werden.

Da das Nettogewicht des lufttrockenen Ballen 163,875 kg beträgt, ist das gesuchte normale Handelsgewicht für den Ballen:

$$\frac{163,875 \cdot 100,92}{100} = \mathbf{165,37\ kg,}$$

was bereits oben auf anderem Wege gefunden wurde.

In dem vorliegenden Falle bleibt die Sendung unter der zulässigen Feuchtigkeit, so daß das normale Handelsgewicht von 165,370 kg größer ist als das Reingewicht des Ballens von 163,875 kg im Anlieferungszustand. Die Zunahme beträgt 1,495 kg oder

$$\frac{1,495 \cdot 100}{163,875} = \mathbf{0,91\ \%.}$$

Übung 31.

Aufgabe: Von einem Strang Baumwollgarn ist mittels Waage und Weife die konditionierte Nummer festzustellen.

Erfordernisse: Analytische Waage, Weife, Wägegläschen mit Glasstöpsel, Trockenschrank, Exsikkator.

Ausführung: In allen Fällen der Praxis, wo verhältnismäßig geringe Garnmengen (etwa 1—5 g) zur Verfügung stehen, von denen außerdem nur ein Teil zur Konditionierung und Nummerbestimmung gelangen kann, ein anderer Teil für Reißversuche, zur Drallbestimmung usw., der Rest schließlich als Vergleichsmuster oder zu ähnlichen Zwecken zurückgelegt werden soll, ist es zweckmäßig, die Trocknung nicht in einem großen Konditionierapparat mit verbundener Waage, sondern in einem kleinen Wägegläschen und in einem doppelwandigen Lufttrockenschrank vorzunehmen. Zu diesem Zwecke werden zwei oder drei der Länge und dem Gewicht nach genau bekannte Garnproben je in ein durch starke Erwärmung völlig ausgetrocknetes Wägegläschen eingeschlossen. Diese Gläschen werden offen in den Trockenschrank gestellt, der auf eine Temperatur von 105—110° C gehalten wird. Nach Verlauf von etwa 3—4 Stunden schließt man die Gläschen möglichst innerhalb des Schrankes mit den zugehörigen Stöpseln, die sich während der Trocknung ebenfalls im Schrank befinden müssen, nimmt die Gläschen dann heraus, läßt sie in einem Exsikkator erkalten und bestimmt ihr Gewicht. Der Feuchtigkeitsgehalt der Proben ergibt sich dann als Differenz des Gewichtes von Gläschen + Probe vor und nach dem Trocknen. Dem mittleren Trockengewicht des Garnes rechnet man in bekannter Weise den handelsüblich zulässigen Feuchtigkeitszuschlag zu und erhält damit das legale Handelsgewicht. Auf Grund des Handelsgewichtes und der anfangs bestimmten Garnlänge berechnet sich die gesuchte konditionierte Garnnummer.

Beispiel: Von einem vorgelegten Baumwollgarnstrang wurden 3 Proben à 50 m abgeweift, gewogen und getrocknet und hierbei folgende Ergebnisse erzielt: (s. Tab. Seite 48 oben.)
Da der größte Unterschied im Feuchtigkeitsgehalt bei den drei Bestimmungen nur 0,14% (= 6,87 — 6,73) beträgt, sind die einzelnen Trocknungsergebnisse recht zufriedenstellend.

Es wiegen:

50 m Garn vollständig getrocknet im Mittel 1,2219 g
Hierzu 8,5% handelsüblicher Zuschlag (Reprise) . . . . 0,1039 g
Normales Handelsgewicht von 50 m Garn 1,3258 g

konditionierte metrische Garnnummer:

$$N_{m_k} = \frac{L}{G} = \frac{50 \text{ m}}{1,3258 \text{ g}} = 37,71$$

konditionierte englische Garnnummer:

$$N_{e_k} = 37,71 \cdot 0,59 = 22,25.$$

Die Bestimmung der metr. Nummer kann auch an Hand des Nomo-

	Probe a	Probe b	Probe c	Mittelwerte
Gewicht von 50 m Garn im Anlieferungszuzustand	1,2813 g	1,3054 g	1,3277 g	1,3048 g
Gewicht der Garnprobe + Wägegläschen vor dem Trocknen . . .	31,4802 g	32,0114 g	34,9771 g	
Gewicht der Garnprobe + Wägegläschen nach dem Trocknen . . .	31,3978 g	31,9287 g	34,8934 g	
Gewicht der im Garn enthaltenen Feuchtigkeit	0,0824 g	0,0827 g	0,0837 g	0,0829 g
Trockengewicht von 50m Garn	1,1989 g	1,2227 g	1,2440 g	1,2219 g
Feuchtigkeitsgehalt, bezogen auf das angelieferte Material . .	6,43%	6,34%	6,30%	6,36%
Feuchtigkeitsgehalt, bezogen auf die Trockensubstanz	6,87%	6,76%	6,73%	6,79%

gramms (Tafel I) erfolgen; für die Umrechnung in das engl. System ist die Garnnumerierungstafel (Tafel II) mit Vorteil zu benutzen.

Die gefundene Handelsnummer oder konditionierte Garnnummer ist allen weiteren Prüfungen (Berechnung der Reißlänge, der Drahtkonstante usw.) zugrunde zu legen.

Übung 32.

Aufgabe: Von einem kurzen ungebleichten Flachsfaden ist

a) mittels mikrometrischer Garnwaage,

b) nach der Dickenmeßmethode von Marschik und

c) durch Auszählen der Einzelfasern im Gespinstquerschnitt nach dem Verfahren von E. Wagner die Garnnummer zu bestimmen.

Erfordernisse: zu a) Mikroskopische Garnwaage, z. B. Torsionswaage oder Präzisionszeigerwaage von Schopper, Maßstab, Schere,

zu b) vgl. Übung 34,

zu c) vgl. Übung 20, hierzu Reagenzgläschen, 10%ige Sodalösung, Essigsäure, Wasserbad, Glaskügelchen, evtl. kleine Handzentrifuge.

Ausführung: a) Das auf Garnnummer zu prüfende Fadenstück wird zunächst bei 65% rel. Luftfeuchtigkeit längere Zeit ausgelegt, sodann eine bestimmte und den jeweiligen Umständen nach möglichst große Länge im gestreckten aber nicht ausgedehnten Zustande zur Wägung gebracht und schließlich die Garnnummer aus Länge und Gewicht in bekannter Weise berechnet. Der jeweilige Feuchtigkeitsgehalt des Materials läßt sich selbstredend bei nur ganz kurzen Faden-

stücken nicht berücksichtigen; im übrigen spielt dieser im Vergleich zu
den ganz erheblichen Gewichts- bzw. Nummernschwankungen innerhalb
sehr kurzer Garnlängen keine Rolle. Wie die Versuche E. Wagners ge-
zeigt haben, gelingt es bei der Prüfung von nur 10 cm langen Fäden in
den seltensten Fällen, nach der Wägemethode die „Mittelnummer"
einigermaßen befriedigend zu bestimmen; für grobe Gespinste kann man
bestenfalls mit einer Genauigkeit von 10% rechnen, bei feinen Garnen
sind die erzielbaren Ergebnisse noch wesentlich ungenauer, und Schwankungen um 50% und mehr in der Garnfeinheit gehören praktisch nicht
zu den Seltenheiten.

b) Als zweites Verfahren zur Feinheitsbestimmung von kurzen
Fadenstücken kann unter Umständen die auf der Garndickenmessung beruhende Methode gute Dienste leisten. Die Ermittlung des Fadendurchmessers geschieht zweckmäßig nach den in Übung 34 beschriebenen Grundsätzen. Um aus der Garndicke die Feinheit des Gespinstes
abzuleiten, ist noch die Kenntnis der jeweiligen Fadendichte, des
scheinbaren spezifischen Fadengewichtes, erforderlich. Letzteres
schwankt allerdings je nach Garndrehung, Erzeugungsart und Ge-
spinstfeinheit innerhalb außerordentlich weiter Grenzen, so daß auf
Grund der Fadendicke überhaupt nur eine annähernde Nummernbestimmung möglich ist. Für praktische Fälle kann man etwa mit einer
erreichbaren Genauigkeit von bestenfalls 15% rechnen; bei groben
Garnen geben die Gleichmäßigkeitsdifferenzen zu großen Fehlern An-
laß, bei feinen Gespinsten erschweren die geringen Dickenunterschiede
eine genaue Messung und führen ebenfalls zu erheblichen Abweichungen.

Allgemein berechnet sich die metrische Garnnummer eines Gespinstes aus der Garndicke d in Millimeter und der scheinbaren Garn-
dichte σ in g/ccm (vgl. Zahlentafel auf S. 118) nach der Formel:

$$N_m = \frac{4}{\pi \cdot \sigma \cdot d^2} = \frac{K}{d^2} \; ; \; N_e = \frac{K'}{d^2}$$

Für die Konstanten K und K' gibt Wagner auf Grund zahlreicher
eingehender Untersuchungen die in der folgenden Übersicht enthaltenen
Mittelwerte an:

Bezeichnung der Garne	Anzahl der Drehungen auf 1 Zoll engl.	Garndicke d mm	$K = N_m \cdot d^2$	$K' = N_e \cdot d^2$
Flachsgarne:				
alle Nummern	7—25	0,08—0,35	1,161	1,916
Baumwollgarne:				
I. hart gedrehte Kettgarne von Watermaschinen,				
alle Nummern	15—40	0,10—0,20	1,395	0,823
II. weich gedrehte Garne von Mulemaschinen,				
grobe Nummern ...	10—30	0,13—0,30	2,458	1,450
mittlere Nummern . .	20—40	0,08—0,13	1,840	1,086
feine Nummern ...	30—50	0,06—0,075	1,382	0,816

c) Die genauesten Werte werden durch Auszählen der im Gespinstquerschnitt enthaltenen Einzelfasern nach der Gelatinemethode erhalten. Dieses Verfahren empfiehlt sich allgemein bei Materialmangel für die Feinheitsbestimmung von Fäden, deren Länge zu gering ist, um den sonst üblichen Weg durch Wägung einer bestimmten Garnlänge beschreiten zu können, in Fällen, wo das Probematerial aus irgendwelchen Gründen so zermürbt ist, daß ein Weifen und eine genaue Längenbestimmung unmöglich ist, ferner speziell bei der Garnnummerermittlung in konfektionierten Waren. Sehr häufig ist gerade in der Untersuchungspraxis die Fadenfeinheit in gefärbten, appretierten, imprägnierten, merzerisierten, gebleichten oder sonstwie veredelten Geweben zu bestimmen. Da im Garnhandel die Garnnummern nach der Nummer des Rohgarns angegeben werden, so ist es erforderlich, bei der Wägemethode zunächst sämtliche auf das Gewicht, bei der Feinheitsbestimmung aus der Fadendicke alle auf das Volumen Einfluß übende Fremdstoffe (Nichtfaserstoffe) zu beseitigen (Schlichte, Fette, Öle, Beschwerung, Imprägnierungsmittel, starke Farbanhäufungen usw.). Dies geschieht nach den üblichen Extraktionsverfahren (mit Äther, Benzin u. dgl.), Abkochverfahren (mit Soda, Seife und Soda u. dgl.), Entschlichtungsverfahren (z. B. mit 1—2%iger Diastaforlösung) und mittels anderer Hilfsmittel. — Bei dem Auszählverfahren aber brauchen die Proben weder entfettet, noch gewaschen, entschlichtet, entfärbt usw. zu werden, da die Faseranzahl in allen Flachsgarnen gleicher Feinheit, welche Behandlung sie auch immer erfahren haben, dieselbe ist. Das Verfahren ist schließlich geeignet, auch die Rohgarnnummer von gebleichten Gespinsten ohne willkürliche Abnahme des in weiten Grenzen schwankenden Bleichverlustes auf das genaueste festzustellen, denn $^{1}/_{4}$-, $^{1}/_{2}$-, $^{3}/_{4}$- und vollgebleichte Garne enthalten stets dieselbe Anzahl von Einzelfasern wie die entsprechenden Rohgarne. Eine direkte Bestimmung der Rohgarnnummer von gebleichten Gespinsten ist weder nach dem unter a) noch nach dem unter b) genannten Verfahren möglich. Erwähnt sei noch, daß für die Nummernbestimmung in Geweben nach dieser Methode auch der Einwebverlust und die jeweilige Spannung der Fäden ohne Einfluß bleibt. Hinsichtlich der erzielbaren Genauigkeit steht dieses Verfahren an erster Stelle und es ist als ein ganz besonderer Vorzug hervorzuheben, daß die Auszählmethode um so genauere Ergebnisse liefert, je feiner die zu prüfenden Gespinste sind, im Gegensatz zum Wäge- und dem auf der Fadendickenmessung beruhenden Verfahren.

Was die experimentelle Durchführung dieser Methode anlangt, so erfolgt diese nach den allgemeinen Grundsätzen des Gelatinezählverfahrens (vgl. Übung 20b), wobei jedoch die Anzahl der in das Wägegläschen gelangenden Fadenabschnitte, die Tara des Gläschens, das Gewicht der zum Ausgießen verbrauchten Fasergelatinemischung sowie die Gesamtanzahl aller auf dem Objektträger befindlichen Einzelfasern genau ermittelt werden müssen. Bei Bestimmung der im Fadenquerschnitt enthaltenen Einzelfaseranzahl muß demnach quantitativ verfahren werden im Gegensatz zur Ermittlung des rein zahlenmäßigen

Mischungsverhältnisses der in einem Gespinst befindlichen verschiedenen Faserkomponenten. Im letzteren Falle erübrigen sich sämtliche Wägungen und es ist auch, wie in Übung 20b beschrieben, nicht eine systematische Auszählung des gesamten Objektträgers erforderlich. Ferner müssen bei der Nummerbestimmung von Flachsgarnen zunächst die Zellbündel durch längeres Kochen (etwa 20—30 Min.) mit 10%iger Sodalösung in einer Eprouvette gelockert („mazeriert") werden, um die Einzelfasern der mikroskopischen Zählung leichter zugänglich zu machen. Es sei besonders betont, daß der vollständigen Isolierung der unverletzten Bastzellen der allergrößte Wert beizumessen ist, denn einerseits erschweren bündelförmig verklebte Fasern die nachfolgende Zählung außerordentlich und machen diese sehr ungenau, wenn nicht unter Umständen sogar unmöglich; andererseits können durch Anwendung stärkerer Mazerationsmittel die Bastzellen so stark zersetzt werden, daß sie in kurze Stücke zerfallen, wodurch eine zu große Anzahl Fasern bestimmt wird. Nach dem Kochen der Fasern mit Sodalösung läßt man das Ganze erkalten und schüttelt behufs guter Verteilung die Fasern wenige Minuten kräftig durch, wobei einige zugesetzte Glaskügelchen die Isolierung der Einzelzellen in hohem Maße befördern. Hat man sich von der ausreichenden Trennung der Fasern überzeugt, so läßt man diese absetzen. Nach vollständiger Sedimentierung werden die Fasern gut mit Wasser ausgewaschen und der ganze Inhalt der Eprouvette mit einigen wenigen Tropfen Essigsäure annähernd neutralisiert, um die Erstarrungsfähigkeit der nunmehr in üblicher Weise hinzukommenden 10%igen Gelatinelösung nicht allzusehr zu beeinträchtigen. Die weitere Behandlung ist nun in allen Fällen die gleiche und aus nachfolgendem Beispiel zu ersehen.

Da einerseits die Anzahl der in das Wägegläschen gebrachten Fadenabschnitte (n) und das Gewicht der Gesamtfasergelatine (g_1), andererseits das Gewicht der auf dem Objektträger befindlichen Fasergelatinemischung (g_2) und die in ihr enthaltene Gesamtfaseranzahl (x) bekannt sind, so läßt sich aus diesen Daten leicht die Anzahl der in einem Fadenabschnitt bzw. Gespinstquerschnitt befindlichen Einzelfasern (z) berechnen. Diese ist:

$$z = \frac{g_1 \cdot x}{g_2 \cdot n}$$

Für die jeweils ermittelte Faseranzahl z im Gespinstquerschnitt findet man an Hand der Tabelle auf S. 125 ohne jede Schwierigkeit und Rechnung die gesuchte zugehörige Garnnummer.

Beispiele: In einem bestimmten, der Praxis entnommenen Fall ergab die Nummerbestimmung eines kurzen ungebleichten Flachsgarnstückes folgende Ergebnisse:

a) Wägemethode.

Mittleres Garngewicht von 10 cm Länge: 1,09 mg
1 m dieses Fadens wiegt demnach: 10,9 mg = 0,0109 g.

Hieraus berechnet sich die Garnnummer zu:

$$N_m = \frac{L^{(\mathrm{m})}}{G^{(\mathrm{g})}} = \frac{1}{0,0109} = 91,7$$

$$N_e = 1,65 \cdot 91,7 = 151,3$$

b) Dickenmeßmethode. Garndicke d im Mittel aus 20 Einzelmessungen: 0,118 mm.

Hieraus folgt für die mittlere Garnnummer nach der angegebenen Formel:

$$N_m = \frac{1,161}{0,118 \cdot 0,118} = 83,4$$

$$N_e = \frac{1,916}{0,118 \cdot 0,118} = 137,6$$

c) Gelatineauszählmethode. Von dem Flachsgarn wurden insgesamt $n = 30$ Fadenabschnitte ins Wägegläschen gebracht. Die Wägungen lieferten folgende Werte:

$G_1 =$ Gewicht des leeren Wägegläschens . . . . . . 31,175 g
$G_2 =$ dasselbe $+$ Gelatinelösung $+$ Fasern . . . . . 46,920 g
$g_1 =$ vorhandene Gelatinefasermischung $= G_2 - G_1$. 15,745 g
$G_3 =$ nach Entnahme eines Teiles der Fasergelatine
zurückgeblieben: Glas $+$ Gelatine $+$ Fasern . . 43,044 g
$g_2 =$ zum Ausgießen verbrauchte, auf dem Objektträger befindliche Gelatinefasermischung$= G_2 - G_3$ 3,876 g

Es entsprechen dann:

$g_1 = 15,745$ g ursprünglich vorhandener Fasergelatine:
$$n = 30 \text{ Fadenabschnitte,}$$

$g_2 = 3,876$ g zum Ausgießen verbrauchter bzw. zur Auszählung auf dem Objektträger verteilter Fasergelatine, demnach:

$$m = \frac{n \cdot g_2}{g_1} = \frac{30 \cdot 3,876}{15,745} = 7,4 \text{ Fadenabschnitte.}$$

Diesen $m = 7,4$ Fadenabschnitten kommen als Ergebnis der Auszählung:

$$x = 414 \text{ Einzelfasern}$$

auf der gesamten Glasplatte zu; in einem Gespinstquerschnitt sind daher:

$$z = \frac{x}{m} = \frac{414}{7,4} = 56 \text{ Fasern}$$

enthalten.

Aus der Tabelle auf S. 125 ist zu entnehmen, daß bei 56 Fasern im Gespinstquerschnitt der Flachsfaden eine engl. Nummer von:

$$N_e = 145$$

besitzt.

Übung 33.

Aufgabe: Von einem mittelfeinen Baumwollgespinst ist mittels Drallapparates

a) durch Parallellegen der Fasern und

b) durch Vor- und Rückwärtsdrehen des Fadens bis zum Bruch (Methode nach Marschik) die Anzahl der Garndrehungen zu bestimmen.

Erfordernisse: Drehungsprüfer von Schopper, Kohl o. a., zwei Präpariernadeln, Lupe.

Ausführung: a) Vor Beginn der eigentlichen Drallbestimmung wird zunächst durch Vorversuche die zweckmäßigste Einspannlänge des zu untersuchenden Gespinstes bestimmt; hierbei wählt man immer die größtmögliche Länge, bei welcher es je nach dem vorliegenden Fasermaterial noch möglich ist, den Faden mit Sicherheit aufzudrehen. Nun befestigt man ein Stück des Garnes in der rechten Einspannklemme des Apparates, legt das andere Fadenende lose in die linke offene Klemme ein, belastet dieses mit einem der Garnnummer entsprechenden Gewicht (vgl. Übung 35) und schließt nun auch diese Klemme. Das Aufdrehen des Garnes erfolgt durch Drehung der Kurbel, bis die Einzelfasern parallel liegen; hierbei teilt man mit Hilfe von zwei Nadeln vorsichtig die Einzelfasern auf und streicht diese parallel, wenn nötig unter Fortsetzung des Aufdrehens. Eine Lupe unterstützt diese Arbeiten auf das beste. Sobald man mit der Nadel von der linken Klemme nach der rechten durch die ganze eingespannte Fadenlänge hindurchstreichen kann, ist die Aufdrehung beendet, und es wird am Zeiger des zu Beginn des Versuches auf Null eingestellten Zählwerkes die Anzahl der Drehungen für die gewählte Maßeinheit unmittelbar abgelesen. Um ein zuverlässiges Durchschnittsergebnis zu erzielen und möglichst alle Drehungsschwankungen während des Spinnprozesses zu erfassen, sind mindestens 20 Einzelversuche erforderlich, wobei die zu prüfenden Fadenstücke dem Versuchsstück aneinander anschließend, d. h. fortlaufend entnommen werden.

b) Bei sehr feinen und aus kurzen Fasern bestehenden Garnen begegnet das Parallellegen der Einzelfasern mitunter großen Schwierigkeiten, da nicht nur leicht Fadenbrüche vor dem völligen Aufdrehen eintreten, sondern auch letzteres vielfach sehr schwer einwandfrei zu erkennen ist. Nach Marschik geht man in solchen Fällen in der Weise vor, daß man das Garn zunächst im entgegengesetzten Sinne der Garndrehung (Rückdrehung) bis zum eintretenden Bruch (n_r) und dann ein neues Fadenstück im Sinne der Garndrehung (Vorwärtsdrehung) gleichfalls bis zum eintretenden Bruch (n_v) dreht. Die gesuchte Drehung T des Garnes berechnet sich dann nach der auf S. 130 angegebenen Formel aus:

$$T = \frac{n_r - n_v}{2}$$

Auch dieses Torsionsverfahren versagt unter besonderen Umständen, zumal bei nur geringen Versuchslängen. In solchen Fällen der Untersuchungspraxis erweist sich das mikroskopische Drallprüfungsverfahren nach A. Herzog als sehr nützlich und liefert auch hier zuverlässige Ergebnisse (vgl. Übung 34).

Beispiele: Zur Untersuchung gelangte ein Selfaktor-Baumwollgespinst, dessen Nummer zu 16,87 engl. bestimmt wurde. Die Drallprüfungen nach den beiden Methoden lieferten folgende Einzelwerte:

Methode a (Parallellegen der Fasern)		Methode b (Vor- und Rückwärtsdrehen des Garnes bis zum Bruch)			
Vers.-Nr.	$T/1''$ engl.	Vers.-Nr.	n_r	n_v	$T/1''$ engl.
1	9,0	1	55	28	13,5
2	8,5	2	51	28	11,5
3	13,0	3	45	26	9,5
4	8,5	4	52	29	11,5
5	10,0	5	46	25	10,5
6	10,0	6	52	29	11,5
7	7,5	7	48	26	11,0
8	12,0	8	56	27	14,5
9	12,0	9	53	28	12,5
10	12,0	10	51	31	10,0
Mittelwert: **10,25** Drehungen je Zoll.		Mittelwert: **11,60** Drehungen je Zoll.			

Aus der Anzahl der Garndrehungen für 1 Zoll engl. berechnet sich nach den auf S. 130 angegebenen Formeln die Drahtkonstante α zu:

a) $\alpha_{\text{engl.}} = \dfrac{10,25}{\sqrt{16,87}} = \mathbf{2,50}$

   $\alpha_{\text{metr.}} = 30,24 \cdot 2,50 = \mathbf{75,6}$

b) $\alpha_{\text{engl.}} = \dfrac{11,60}{\sqrt{16,87}} = \mathbf{2,82}$

   $\alpha_{\text{metr.}} = 30,24 \cdot 2,82 = \mathbf{85,3}$

Diese Berechnungen können in bequemer und rascher Weise auch durch Verwendung des Nomogramms auf Tafel XV ausgeführt werden.

Ein Vergleich der hier ermittelten Drehungskoeffizienten mit den auf S. 116 zusammengestellten Beurteilungsnormen für Baumwollgarne lehrt, daß im untersuchten Falle ein weich gesponnenes Strumpf- oder Trikotgarn vorliegt.

Übung 34.

Aufgabe: Von einem feinen Flachsgarn ist nach der mikroskopisch-graphischen Methode von A. Herzog die Anzahl der Garndrehungen sowie die Drahtkonstante zu bestimmen.

Erfordernisse: Mikroskop mit schwächerem Objektiv und Meßokular, Objektmikrometer, Zeichenapparat, Transporteur, evtl. auch Goniometerokular von Zeiß oder Universalokular nach A. Herzog zur direkten Winkel- und Dickenmesung.

Ausführung: Ein Stück des zu untersuchenden Fadens wird in mehreren nebeneinanderliegenden Windungen um einen großen Objektträger oder um eine entsprechende, mit gekerbten Leisten versehene Holz- oder Metallplatte hohl aufgewickelt. Sodann werden verschiedene

Fadenstellen nacheinander in das Gesichtsfeld des Mikroskops gebracht, wobei für eine gute Beleuchtung mit auffallendem Licht Sorge zu tragen ist, da hier naturgemäß nur Oberlicht in Frage kommt. Für die Ermittlung der Drehung ist die Bestimmung des **Fadendurchmessers** und des **Drehungswinkels** erforderlich. Beide Daten lassen sich leicht zugleich finden, wenn eine Anzahl der im mikroskopischen Bilde des Garnfadens erscheinenden, schraubenförmig gedrehten Einzelfasern mit dem Zeichenapparat auf eine neben dem Mikroskop befindliche Zeichenfläche abgezeichnet werden, wobei man gleichzeitig auch die seitlichen Begrenzungslinien des Fadens durch einfache Striche andeutet. Aus den so gezeichneten, schräg verlaufenden Linien läßt sich mit praktisch hinreichender Genauigkeit leicht die vorherrschende Richtung herausfinden und deren Neigung zur Fadenlängsachse mittels eines gewöhnlichen Transporteurs bestimmen. Selbstverständlich müssen durch Verschieben des bewickelten Objektträgers verschiedene Garnstellen (etwa 20) berücksichtigt werden, um brauchbare Durchschnittswerte zu erhalten. Zur Bestimmung des Fadendurchmessers muß die Vergrößerung der Zeichnung (vgl. Übung 2) genau bekannt sein. Steht ein besonderes Winkelmeßokular zur Verfügung, so kann der gesuchte Faserneigungswinkel direkt bestimmt werden. Auch die Garndickenmessung läßt sich bei Verwendung eines vorher genau geeichten Okularmikrometers direkt (d. h. ohne Zeichnung) ausführen.

Beispiel: In einem bestimmten Falle (Flachsgarn der engl. Nr. 160) lieferte das beschriebene mikroskopisch-graphische Verfahren im Mittel aus je 20 Einzelmessungen folgende Ergebnisse:

Mittlere Garndicke . . . . $d = 0{,}096$ mm
Mittlerer Faserneigungswinkel gegen die Fadenlängsachse . . $\varphi = 13{,}5^0$
$$(\operatorname{ctg} \varphi = 4{,}165)$$

Hieraus berechnet sich nach den auf S. 130/31 angegebenen Formeln unter Berücksichtigung eines Korrektionsfaktors, der empirisch zu $k = 1{,}144$ gefunden wurde:

$$T/1''\text{engl.} = \frac{25{,}4 \cdot 1{,}144}{\pi \cdot 4{,}165 \cdot 0{,}096} = \mathbf{23{,}1} \text{ Drehungen je Zoll engl.}$$

$$T/1\,\text{m} \quad = 39{,}37 \cdot 23{,}1 = \mathbf{909} \text{ Drehungen je 1 Meter.}$$

$$\alpha_{\text{engl.}} = \frac{23{,}1}{\sqrt{160}} = \mathbf{1{,}82} \text{ (Drahtkonstante, engl.)}$$

$$\alpha_{\text{metr.}} = 50{,}62 \cdot 1{,}82 = \mathbf{92{,}1} \text{ (Drahtkonstante, metrisch)}$$

Bei Verwendung der Nomogramme auf Tafel XIV und XVI erübrigt sich die umständliche Berechnung.

Das mikroskopische Drallprüfverfahren erweist sich besonders in solchen Fällen nützlich, wo nur kurze Fadenstücke oder aus irgendwelchen Gründen zermürbtes Fadenmaterial, ferner hervorragend feine Gespinste zur Untersuchung vorliegen, bei denen ein Aufdrehen mittels Drallapparates nicht möglich ist oder großen Schwierigkeiten begegnet.

Übung 35.

Aufgabe: a) Eine vorgelegte Wollprobe ist hinsichtlich Reißfestigkeit, Bruchdehnung und Substanzfestigkeit der Einzelhaare zu untersuchen.

b) Ein Flachsgespinst ist in bezug auf Reißfestigkeit, Bruchdehnung und Gleichmäßigkeit zu prüfen.

Erfordernisse: a) Deforden-Einzelfaser-Festigkeitsprüfer mit den dazugehörenden Einrichtungen zum Herstellen der Einspannrahmen, zum Aufkitten der Fasern und zum Vorbereiten der Dehnungschaubilder (Stanze, Schere, Papier, Lack usw.) oder anderes Mikrodynamometer (vgl. S. 75).

b) Garnfestigkeitsprüfer z. B. von Schopper, Kohl u. a., verschiedene Vorbelastungsgewichte, Waage und Weife, Luftfeuchtigkeitsmesser, evtl. Stoppuhr und Maßstab zur Bestimmung der Zerreißgeschwindigkeit.

Ausführung: a) Das Arbeiten mit dem Deforden-Apparat gestaltet sich folgendermaßen: Etwa 30—40 Einzelfasern (je nach Anzahl der Versuche) werden sorgfältig auf aus gewöhnlichem Schreib- oder Kunstdruckpapier ausgestanzten Rähmchen mit Krönigschem Deckglaskitt, Leinölfirnis, Zellonlack u. ä. aufgeklebt, so daß eine Länge von genau 10 mm frei bleibt. Nach Trocknen des Lacks spannt man das Rähmchen in den Apparat, wobei ein Rutschen der Faser zu vermeiden ist. Die beiden Seitenleisten des Rahmens werden nun nach dem Einspannen vorsichtig durchgeschnitten; dann kann mit dem Belasten (Eintropfenlassen des Wassers in die am linken Waagebalken befindliche Schale) begonnen werden. Die Zerreißgeschwindigkeit (= Tropfengeschwindigkeit, z. B. 10 ccm = 10 g je Min.) ist für alle Versuche konstant zu halten. Sobald der Bruch der Faser eintritt, wird sofort der Wasserzufluß in die Schale abgestellt und die verbrauchte Wassermenge (= Zerreißlast) mittels der am Apparat befindlichen Quadrantenwaage bestimmt. Die Bruchdehnung wird mit Hilfe eines Maßstabes am Dehnungsschaubild ermittelt, wobei der erhaltene Wert durch 4 zu teilen ist, da der Apparat infolge Hebelübertragung die Dehnung im vierfachen Maßstab anzeigt (vgl. die dem Deforden-Festigkeitsprüfer beigegebene Beschreibung). Für die Berechnung der absoluten Substanzfestigkeit (bezogen auf 1 qmm wirklich tragenden Querschnitt) und für die Ableitung der Reißlänge ist die Ermittlung der Faserfeinheitsnummer erforderlich, die nach den in Übung 28c beschriebenen Grundsätzen zu erfolgen hat.

b) Da die Luftfeuchtigkeit auf die physikalischen Eigenschaften der Gespinste einen erheblichen Einfluß ausübt, ist es erforderlich, alle auf Genauigkeit Anspruch erhebenden Festigkeitsprüfungen bei normaler relativer Luftfeuchtigkeit (65%) auszuführen oder auf eine solche zu beziehen (vgl. z. B. die Umrechnungsfaktoren für Kunstseide auf S. 114). Die Bestimmung der Luftfeuchtigkeit geschieht mittels eines der bekannten Hygro- oder Psychrometer (vgl. auch das Diagramm

Tafel XX). Die **Temperatur** des Versuchsraumes soll etwa 18—20° C betragen. Um diese Bedingungen einzuhalten, wird das zu untersuchende Garnmaterial vor dem Zerreißen 24 Stunden der normalen Feuchtigkeit und Temperatur ausgesetzt. Alsdann wird eine größere Fadenlänge genau abgemessen, gewogen und hieraus die Garnnummer bestimmt. Um einwandfreie Vergleichswerte zu erhalten, empfiehlt es sich, alle Zerreißversuche bei der gleichen **Vorbelastung** (Fadenspannung) vorzunehmen, die erfahrungsgemäß etwa dem Gewicht von 100 m des Versuchsstückes entspricht. Außer der Luftfeuchtigkeit und der Vorbelastung sind die **Anzahl der Einzelversuche**, die Größe der freien **Einspannlänge** (vgl. S. 107 und 114) und die **Zerreißgeschwindigkeit** von nicht zu unterschätzendem Einfluß auf die Reißfestigkeit, Bruchdehnung und Gleichmäßigkeit, weshalb stets die gleichen Versuchsbedingungen eingehalten werden müssen. Auch ist eine genaue Angabe der jeweiligen Verhältnisse dem Befund beizufügen, um die zu verschiedenen Zeiten, an verschiedenen Orten und von verschiedenen Beobachtern geprüften Garne vergleichen zu können. Die Zahl der Einzelversuche muß so groß sein, daß möglichst alle in dem betreffenden Garn vorkommenden Abweichungen auch wirklich, d. h. im richtigen Verhältnis zueinander, erfaßt werden. Im allgemeinen genügen etwa 20 Zerreißversuche bei gleichmäßigen Gespinsten. Die gebräuchlichste Einspannlänge beträgt bei Garnprüfungen 500 mm (vgl. auch Tabelle auf S. 107). Die Zerreißgeschwindigkeit wird so eingestellt, daß die Dehnungsänderung des Materials den Belastungsänderungen nachkommen kann, und muß konstant gehalten werden (etwa 30—50 cm pro Minute).

Die Entnahme der Versuchsfäden erfolgt nach Möglichkeit aus verschiedenen Garnsträngen, Spulen usw. Versuche, bei denen die Fäden an den Einspannklemmen reißen, sind als nicht einwandfrei bei der Mittelwertbildung, die in bekannter Weise erfolgt, außer acht zu lassen. Die Berechnung der Gleichmäßigkeit geschieht durch Ermittlung der prozentualen Abweichung des Gesamtmittels von dem Untermittel, wobei diese Art der Berechnung die **Anzahl** der unter der Mittel liegenden Werte unberücksichtigt läßt und lediglich angibt, um wieviel Prozent das Mittel der schlechten Werte dem im Gesamtdurchschnitt gestellten Anforderungen nicht genügt.

Beispiel: a) In einem bestimmten Falle ergab die Prüfung einzelner Wollhaare im Mittel aus 20 Einzelversuchen bei einer Einspannlänge von 10 mm:

Bruchfestigkeit in g   Bruchdehnung in %
17,5   45,3

Als mittlere metrische Feinheit der Wollhaare wurde gefunden:
$$N_m = 945$$
Hieraus berechnet sich nach den auf S. 129 angegebenen Formeln:
$$\text{Reißlänge } R = 945 \cdot 17{,}5 = 16\,540 \text{ m} = \mathbf{16{,}54 \text{ km}}$$

Substanzfestigkeit = spezifische Festigkeit $p = 16{,}54 \cdot 1{,}32 = 21{,}8 \dfrac{\text{kg}}{\text{qmm}}$

(1,32 = wirkl. spez. Gewicht der Wolle in g/ccm)

b) Für ein belgisches Flachskettgarn bester Qualität (40er engl.) ergaben sich bei 20 Einzelversuchen folgende Werte:

Vers.-Nr.	Bruchlast in g	Festigkeitswerte unter dem Mittel in g	Bruchdehnung in mm (bei 500 mm Einspannlänge)
1	1250	—	8,2
2	1030	—	7,5
3	1030	—	7,6
4	920	920	7,0
5	960	960	7,0
6	900	900	6,4
7	1070	—	6,8
8	980	980	7,0
9	930	930	6,5
10	1100	—	7,5
11	970	970	7,2
12	970	970	6,6
13	980	980	6,5
14	970	970	6,6
15	1240	—	7,6
16	800	800	7,8
17	850	850	7,6
18	920	920	8,0
19	1140	—	8,6
20	1080	—	8,8
Summe 20	20090 g	11150 g	146,8 mm

Aus den Ergebnissen berechnen sich:

Mittlere Reißfestigkeit . $P = M = \dfrac{20090}{20} = 1004$ g

Untermittel . . . . $UM = \dfrac{11150}{12} = 929$ g

Gleichmäßigkeit . . . . . $G = \dfrac{929}{1004} \times 100 = 92{,}5$ %

Ungleichmäßigkeit . . . . $U = 100 - 92{,}5 = 7{,}5$ %

Bruchdehnung . . . . . . $\delta = \dfrac{146{,}8 \cdot 100}{20 \cdot 500} = 1{,}47$ %

Reißlänge . . . . $R = 24{,}3 \cdot 1004 = 24400$ m
$$= 24{,}4 \text{ km}$$

(Die Nummer des Flachsgarnes wurde zu 24,3 metrisch = 40,1 englisch-irisch bestimmt).

Versuchskonstanten:

Relative Luftfeuchtigkeit $\varphi = 65\%$
Freie Einspannlänge . . $e = 500$ mm
Zerreißgeschwindigkeit . . $v = 30$ cm/Min.
Vorbelastung . . . . . $b = 4{,}0$ g
(entsprechend einem Gewicht von 100 m Garn)

Die Bestimmung der Gleichmäßigkeit und der Reißlänge aus den erhaltenen Versuchsdaten kann auch ohne jede Rechnung an Hand der Nomogramme auf Tafeln XVII und XVIII schnell und bequem erfolgen.

Wie ein Vergleich des im vorliegenden Falle ermittelten Reißlängen- und Gleichmäßigkeitswertes mit den auf S. 111 und 115 zusammengestellten erfahrungsmäßigen Beurteilungsnormen lehrt, lag der Untersuchung ein ganz vorzügliches und auffallend gleichmäßiges Leinenkettgarn zugrunde.

Übung 36.

Aufgabe: Vergleich zweier Hanfsegeltuche hinsichtlich ihrer Festigkeitseigenschaften.

Erfordernisse: Gewebefestigkeitsprüfer z. B. von Schopper, Maßstab, Schere, evtl. Blechschablone zum Schneiden der Probestreifen, Waage.

Ausführung: Zunächst wird ein größerer Abschnitt (mindestens ¼ qm) der zu untersuchenden Gewebe fadengerade geschnitten, dann genau gemessen und — nach 24 stünd. Auslegen bei normaler Luftfeuchtigkeit (60—65%) — gewogen. Aus diesen Ergebnissen wird das Quadratmetergewicht berechnet. Bei normalen Prüfungen beträgt die freie Einspannlänge der zum Zerreißen bestimmten Versuchsstreifen 360 mm, die Breite 50 mm mit je 5 mm freien Fadenenden an beiden Seiten. Es müssen daher die Streifen 500 mm lang und 60 mm breit zugeschnitten werden. Zur Erzielung guter Mittelwerte ist es erforderlich, mindestens je 5 Streifen in Kett- und Schußrichtung an verschiedenen Stellen des Probematerials zu entnehmen, damit jedesmal andere Fadenpartien geprüft werden. Bei der Probeentnahme sind jedoch Stellen mit irgendwelchen Webfehlern, Falten, Nähten usw. sowie die Leisten- (Webkanten-) nähe außer Acht zu lassen. Nunmehr werden an beiden Seiten der Probestreifen so viele Fäden entfernt (ausgezupft), daß in der Belastungsrichtung nur noch die vorgeschriebene Breite von 50 mm übrig bleibt. Bei grobeingestellten Geweben ist es ratsam, bei allen Streifen an Stelle genau gleicher Breite eine einheitliche Fadenzahl einzuhalten. Bei Tuchen, Wachstuchen, Ballonstoffen u. ä. Erzeugnissen, wo Kette und Schuß durch den Walkprozeß, die Gummierung usw., innig miteinander verbunden sind, erweisen sich freie Fadenenden als zwecklos, da hier die Randfäden bei der Belastung nicht zur Seite gedrängt werden und heraustreten, demnach auch nicht der Belastung entgehen können. Die so vorbereiteten Probestreifen werden zunächst längere Zeit (etwa 24 Stunden) in einem Raum mit 65% relativer Luftfeuchtigkeit ausgelegt, sodann gleichmäßig straff über die ganze Breite hin in die Klemmen des Festigkeitsprüfers eingespannt, schließlich zerrissen. Für eine genaue Ermittlung der Bruchdehnung empfiehlt es sich, die Einspannlänge auf den Streifen vorher durch Bleistiftstriche zu bezeichnen; diese Marken müssen beim Einspannen genau mit den Einspannbackenrändern abschneiden. Da bei Geweben die einzelnen Fäden meist nicht zugleich, sondern nacheinander zerreißen, ist die

Bruchdehnung zu dem Zeitpunkt sofort abzulesen, wo der Belastungshebel seinen Höchststand erreicht hat und stehen bleibt (Bruchdehnung = die bei **Beginn** des Bruches erreichte Dehnung).

Beispiel: In einem bestimmten Falle ergab die Prüfung von zwei Hanfsegeltuchen im Mittel aus je 10 Versuchen in Kett- und Schußrichtung:

	Bruchfestigkeit (kg)		Bruchdehnung (%)	
	Kettrichtung	Schußrichtung	Kettrichtung	Schußrichtung
Material A . .	232	208	15,6	4,5
Material B . .	205	197	16,8	4,2

Quadratmetergewicht.

Material A: 650 g

Material B: 630 g

Aus diesen Daten berechnet sich nach der auf S. 129 angegebenen Formel die Reißlänge (R in Kilometer) zu:

Material A:

$$\text{Kettrichtung:} \quad R = \frac{232 \cdot 1000}{650 \cdot 50} = 7,14 \, \text{km}$$

$$\text{Schußrichtung:} \quad R = \frac{208 \cdot 1000}{650 \cdot 50} = 6,40 \, \text{km}$$

Material B:

$$\text{Kettrichtung:} \quad R = 6,51 \, \text{km}$$

$$\text{Schußrichtung:} \quad R = 6,25 \, \text{km}$$

Das Gutachten über die Qualität der beiden Hanfsegeltuche kann nach obigem Befund dahingehend abgegeben werden, daß hinsichtlich Reißfestigkeit das Material A dem Material B überlegen ist.

Bei gleichmäßiger Ausbildung von Kette und Schuß wird bei Hanfsegeltuchen erfahrungsgemäß eine maximale Reißlänge von 10 km in jeder Richtung kaum überschritten. Für rohe, d. h. nicht imprägnierte Segeltuche aus Ia **Werggarn**, ist vom Reichsausschuß für Lieferbedingungen (RAL) eine Reißlänge von 6 km in jeder Richtung festgelegt worden (vgl. RAL-Blatt Nr. 391 B).

Zu einer vollständigen vergleichenden Bewertung beider Materialien ist jedoch außer Festigkeitsprüfungen auch noch die Beurteilung der gewebetechnischen Ausführung (Bindung, Einstellung, Garnnummer von Kette und Schuß) sowie eine genaue Untersuchung der qualitativen Beschaffenheit des verwendeten Rohmaterials erforderlich.

Übung 37.

Aufgabe: Es ist der Aschengehalt eines Flachsgarnes zu ermitteln.

Erfordernisse: Empfindliche Waage, Wägegläschen, Exsikkator, Trockenschrank, Platinschale (Quarzschälchen), Platindraht, Bunsenbrenner.

Ausführung: Von dem zu untersuchenden lufttrockenen Garn werden etwa 50 g in ein größeres Wägegläschen gebracht, genau ausgewogen und sodann in einem Trockenschrank bei 110° bis zur Gewichtskonstanz ausgetrocknet. Vor der Wägung ist das Gläschen mit den getrockneten Fasern offen in einem Exsikkator erkalten zu lassen. Das so ermittelte Trockengewicht ist der späteren Berechnung des Aschengehaltes zugrunde zu legen. Das aus dem Gläschen genommene Garn wird sodann mit der Schere in passende Stücke zerschnitten und portionenweise über einer vorher gewogenen, sorgfältig ausgeglühten und in einem Exsikkator erkalteten Platinschale (Quarzschale) verbrannt und die Asche in die Schale fallen gelassen. Zweckmäßig bedient man sich hierbei eines Platindrahtes, mit dem man die Fäden lose umwindet. Aschenverluste sind natürlich sorgfältig zu vermeiden (der unter der Schale befindliche kleine Bunsenbrenner muß mit einem Porzellanteller versehen sein um die etwa neben die Schale fallenden Ascheteilchen aufzufangen). Zur Verbrennung der in der Asche noch vorhandenen kohligen Teilchen ist die Schale mäßig zu erhitzen (nur der Boden der Schale darf rotglühend sein), da sonst beträchtliche Verluste durch Verflüchtigung von Alkalien entstehen können. Nach dem Erkalten der Schale in einem Exsikkator wird ausgewogen und der Gehalt an Rohasche berechnet.

Beispiel für die Berechnung:

$$\begin{array}{lr}
\text{Wägeglas} & 25{,}311\ \text{g} \\
\text{,,} \quad + \text{lufttr. Flachsgarn} & 75{,}432\ \text{g} \\
\text{,,} \quad + \text{getr. Flachsgarn} & 70{,}233\ \text{g} \\
\text{Demnach: Lufttr. Flachsgarn} & 50{,}121\ \text{g} \\
\text{Getr. Flachsgarn} & 44{,}922\ \text{g} \\
\text{Wasser} & 5{,}199\ \text{g}
\end{array}$$

$$50{,}121 : 5{,}199 = 100 : x$$

$$x = \frac{519{,}9}{50{,}121} = 10{,}4 = \text{Wassergehalt in Prozent}$$

$$\begin{array}{lr}
\text{Platinschale} & 30{,}101\ \text{g} \\
\text{,,} \quad + \text{Asche} & 30{,}785\ \text{g} \\
\text{Demnach: Asche} & 0{,}684\ \text{g}
\end{array}$$

$$44{,}922 : 0{,}684 = 100 : y$$

$$y = \frac{68{,}4}{44{,}922} = 1{,}52 = \text{Rohaschengehalt in Prozent der Trocken-}$$

substanz.

Die Rohasche enthält neben Kohlensäure (an die vorhandenen Basen gebunden) auch noch geringe Mengen kohliger Anteile und Sandteile, die bei genaueren Bestimmungen des Aschengehaltes nach den Methoden der analytischen Chemie zu ermitteln und von der Rohasche in Abzug zu bringen sind. Der so gefundene Wert wird als „Reinasche" in Prozent der Fasertrockensubstanz angegeben.

Übung 38.

Aufgabe: Es ist a) der Fettgehalt eines Wollgarnes und
b) der Waschverlust einer Schweiß-(Schmutz-)wolle zu ermitteln (Rendementsbestimmung).

Erfordernisse: zu a) Chemische Waage, Wägegläschen, Trockenschrank, Extraktionsapparat, Entfettungsmittel.

zu b) Chemische Waage, größeres Becherglas, Trockenschrank, Waschlauge von besonderer Zusammensetzung (s. u.).

Ausführung: a) Handelt es sich um die Bestimmung des Fettgehaltes für sich, so wird eine gewogene Durchschnittsprobe, etwa 5 bis 10 g, bei 100° C getrocknet und hernach in einem Extraktionsapparat erschöpfend mit einem Fettlösungsmittel (am besten Petroleumäther) ausgezogen. Das gewählte Lösungsmittel darf beim Verdunsten keinen Rückstand hinterlassen; im anderen Falle muß es durch Destillation gereinigt werden. Der Äther wird sorgfältig abdestilliert und nun entweder das zurückbleibende Fett 1 Stunde bei etwa 95—100° C getrocknet und schließlich gewogen oder die entfettete Probe selbst im getrockneten Zustand zurückgewogen. Es ist üblich, den Fettgehalt auf das lufttrockene Ausgangsgewicht der Probe bei 65% rel. Luftfeuchtigkeit oder auf das legale Handelsgewicht, nicht aber auf das Trockengewicht, zu berechnen. Als Fettlöser kommen außer Äther auch Benzin, Schwefelkohlenstoff oder die nicht feuergefährlichen Extraktionsmittel: Tetrachlorkohlenstoff, Chloroform, Dichloräthylen, Trichloräthylen u. a. in Betracht. Es verdient hervorgehoben zu werden, daß je nach dem verwendeten Extraktionsmittel außer dem eigentlichen Fett auch Wachse, Harze, Kalkseifen u. ä. mit ausgezogen werden. Diesem Umstande ist in bestimmten Fällen Rechnung zu tragen und das eigentliche Fett (Neutralfett) von den anderen im Extrakt befindlichen Stoffen zu trennen.

b) Bei der **Rendementsermittlung** von Schweiß- oder Schmutzwolle wird der **Gesamtverlust** bestimmt, der sich aus dem gesamten Fett- und Ölgehalt der Probe und dem Wasserwaschverlust zusammensetzt. Beide können entweder gleichzeitig oder getrennt bestimmt werden. Im ersteren Falle wäscht man eine größere Durchschnittsprobe (50—100 g) mit einer Waschlauge von folgender Zusammensetzung: 5 g Kernseife, 2 g kalz. Soda, 5 ccm 20—25% Ammoniak und 5 ccm eines unter a) genannten Fettlösungsmittels. Das Versuchsmaterial ist in einem Becherglas zweimal mit etwa 1,5 l dieser Waschlauge bei 40° C unter wiederholtem Ausdrücken oder Auswringen zu behandeln, hierauf mehrmals in destilliertem Wasser zu spülen und schließlich zu trocknen. Im anderen Falle wird durch Extraktion mit einem Fettlöser zunächst der Fettgehalt allein in der unter a) beschriebenen Weise bestimmt und dann erst die Probe mit destilliertem Wasser gewaschen und getrocknet. Die Berechnung des Gesamtwaschverlustes erfolgt bei Rohwolle auf das lufttrockene Ausgangsgewicht der Probe nach Auslegen bei 65% rel. Luftfeuchtigkeit, bei Garnen (geschmälzten Streichgarnen) auf das legale Handelsgewicht (= absolutes Trockengewicht + gesetzlicher Feuchtigkeitszuschlag von 17%). Als **Rendement** bezeichnet man den in 100 kg lufttrockener Schweißwolle enthaltenen Anteil an konditionierter reiner Wolle (Gehalt an normalfeuchter Reinfaser).

Von dem **Gesamtwaschverlust** scharf zu unterscheiden ist der **technische Waschverlust**, bei dessen Ermittlung man sich der technischen Arbeitsweise in der Wollwäscherei anpassen muß, wo mit milderen Waschmitteln gewaschen wird und aus besonderen Gründen der Weiterverarbeitung stets noch etwa 1,5—2,5% Fettstoffe in dem Wollmaterial absichtlich zurückbleiben. Als Waschlauge kommt in diesem Falle für Rohwolle eine 3—4%ige Soda- oder Pottaschelösung, für geschmälzte Garne eine Lösung von 3—4% kalz. Soda und 3—4% Seife vom Gewicht des Versuchsmaterials in Verwendung. Die Waschtemperatur darf 40—45° C nicht überschreiten.

Beispiele: a) Fettgehaltsermittlung.

1. Durch Rückwiegen der entfetteten Probe im trockenen Zustande.

Gewicht der lufttrockenen Probe im Anlieferungs-
zustand . . . . 2,2428 g
Gewicht der getrockneten Probe . . . . 2,0039 g
Gewicht der Probe nach dem erschöpfenden Extra-
hieren mit Äther und nachfolgendem Trocknen −1,8960 g
Extraktionsverlust . . . . 0,1079 g

$$\text{Fettgehalt} = \frac{0,1079 \cdot 100}{2,0039} = 5,38\%, \text{ bez. auf die absolute Trockensubstanz}$$

$$,, \quad = \frac{0,1079 \cdot 100}{2,2428} = 4,81\%, \text{ bez. auf die lufttrockene Substanz im Anlieferungszustand}$$

$$,, \quad = \frac{0,1079 \cdot 100}{2,0039 \cdot 1,17} = 4,60\%, \text{ bez. auf die normalfeuchte Substanz.}$$

2. Durch direkte Bestimmung des auf dem Wasserbade eingedampften und nachher getrockneten Fettauszuges. (Kontrollprüfung zu 1.)

Gewicht von Kolben + Fettauszug, getrocknet . 35,2645 g
Trockenreingewicht des Kolbens. . . . . −35,1547 g
Fettgehalt . . . . 0,1098 g

$$\text{Fettgehalt} = \frac{0,1098 \cdot 100}{2,0039 \cdot 1,17} = 4,68\%, \text{ bez. auf die normalfeuchte Substanz.}$$

b) Rendementsermittlung.

Gewicht der in Arbeit genommenen, lufttrockenen
Schweißwollprobe . . . . 90,150 g
Trockengewicht der entfetteten und gewaschenen
Probe . . . . 60,340 g
hierzu 17% als handelsübliche Feuchtigkeit . . +10,258 g
Gewicht der normalfeuchten Reinwolle 70,598 g
(Handelsgewicht der Probe)

Gehalt der rohen lufttrockenen Schweißwolle an normalfeuchter Reinfaser (= Rendement) . .

$$\frac{70,598 \cdot 100}{90,150} = 78,31\%$$

Gesamtwaschverlust:

(= 90,150 g—70,598 g = 19,552 g). . . .

$$\frac{19,552 \cdot 100}{90,150} = 21,69\%$$

Das Rendement, d. h. der Ertrag an tatsächlicher Spinnfaser ist bei den einzelnen Wollqualitäten je nach der Menge der anhaftenden Verunreinigungen (Wollschweiß + Fremdstoffe, wie Staub, Sand, Kot, Pflanzenteile, Futterreste usw.) naturgemäß sehr verschieden und schwankt etwa zwischen den Grenzen von 40—80%.

Der normale Gesamtwaschverlust von Streichgarnen darf, selbst bei Berücksichtigung des etwaigen Kunstwollgehaltes mit seinen Beimengungen, 10% nicht übersteigen.

Übung 39.

Aufgabe: Eine Rohseidenprobe ist auf den Bastgehalt zu untersuchen (Bestimmung des Degummierungsverlustes).

Erfordernisse: Chemische Waage, größeres Becherglas, Trockenschrank, Seifenlösung (1%ige Auflösung von neutraler Marseiller-, Bari- oder Oleinseife in destilliertem Wasser).

Ausführung: Soll eine größere Sendung geprüft werden, entnimmt man einem Ballen an verschiedenen Stellen im ganzen 10 Stränge, teilt von einem jeden Strang etwa 10 g ab und bringt dann insgesamt 100 g zur Bastgehaltbestimmung. Nötigenfalls können aber auch kleinere Proben untersucht werden.

Von der zu prüfenden Menge wird zunächst das absolute Trockengewicht bestimmt. Die getrocknete Probe wird sodann 1 Stunde in einer 1%igen Seifenlösung unter zeitweisem Umziehen gekocht, in destilliertem Wasser vollständig ausgewaschen, ausgedrückt, wiederum bei 130—140° C im Trockenschrank getrocknet und schließlich gewogen. Die Differenz der beiden Trockengewichte gibt den Gehalt an absolut trockenem Bast, der in Prozent des Rohseidengewichtes berechnet wird. Außer dem Seidengummi enthält der Abkochverlust in selteneren Fällen auch noch andere fremde, in Seife lösliche Beimengungen geringerer Menge, sog. Erschwerungsstoffe, deren Anteil nach den Methoden der analytischen Chemie zu ermitteln ist.

Beispiel:

Trockengewicht der in Arbeit genommenen
    Rohseidenprobe . . . .   5,9052 g

Trockengewicht der Probe nach dem Abkochen (= Entbasten oder Degummieren) —4,6332 g
Abkochverlust . . . .   1,2720 g

Gehalt an absolut trockenem Bast (Sericin, Seidengummi) in Prozent, bezogen auf die trockene Rohseidensubstanz . . . . $\dfrac{1{,}2720 \cdot 100}{5{,}9052} = \mathbf{21{,}54\,\%}$

Gehalt an normalfeuchtem Bast in Prozent, bezogen auf das Handelsgewicht der Rohseidenprobe . . . . $\dfrac{1{,}2720 \cdot 1{,}11 \cdot 100}{5{,}9052 \cdot 1{,}11} = \mathbf{21{,}54\,\%}$

(Beide Prozentsätze sind naturgemäß gleich).
Fibroingehalt der Rohseide in Prozent. . . $100 - 21{,}54 = \mathbf{78{,}46\,\%}$

Allgemein enthält Rohseide im Mittel 75 bis 80% Fibroin, entsprechend 20 bis 25% Sericin (Bast, Seidengummi).

Übung 40.

Aufgabe: Der Gehalt eines gestärkten Leinengewebes an Appretur ist festzustellen.

Erfordernisse: Chemische Waage, Becherglas, Trockenschrank, dest. Wasser, evtl. besonderes Appreturlösungsmittel (z. B. Diastaforpräparat).

Ausführung: Zur Bestimmung des Appretur- oder Schlichtegehaltes wird die zu untersuchende Probe (Garnsträngchen, Gewebeabschnitt) zunächst vollständig getrocknet und dann genau gewogen. Nunmehr bringt man das Material am besten im aufgelockerten Zustande in ein Gefäß und entschlichtet oder entappretiert durch längeres Abkochen mit Seifen-Sodalösung, mit schwach angesäuertem Wasser oder unter Zusatz eines Diastaforpräparates und wäscht mit destilliertem Wasser mehrmals gründlich nach. Schließlich bestimmt man wiederum das Trockengewicht der Probe. Der Gewichtsverlust entspricht der Gesamtappretur (= Differenz des Trockengewichtes vor und nach dem Entschlichten).

Da fast sämtliche Appreturen und Schlichten, insbesondere bei Pflanzenfasern, stärkehaltig sind, kann man sich durch Ausbleiben der Jodstärkereaktion (Blaufärbung bei Vorhandensein von Stärke) leicht von der restlosen Entfernung der Appretur bzw. Schlichte überzeugen.

Es ist ratsam, stets vom Trockengewicht auszugehen und auch nach dem Entschlichten die Probe wieder auf das Trockengewicht zu bringen. Das Verfahren, nach dem man die Versuchsstücke nicht erst trocknet, sondern bei 65% relativer Luftfeuchtigkeit längere Zeit auslegt, dann wägt, schließlich auswäscht und wiederum der normalen Luftfeuchtigkeit aussetzt, ist nicht nur sehr zeitraubend, sondern erfordert auch einen genau regulierbaren Klimaraum, wenn die Ergebnisse zuverlässig und fehlerfrei sein sollen.

Bei der Entfernung wasserlöslicher Beschwerungsmittel genügt in der Regel ein wiederholtes Auslaugen der Versuchsstücke mit warmem destillierten Wasser ohne besondere Zusätze.

Beispiel: In einem der Praxis entnommenen Fall wurden bei der Entschlichtung eines gestärkten Leinengewebes folgende Ergebnisse erhalten:

Trockengewicht des in Arbeit genommenen Stoffabschnitts vor dem Entschlichten	8,5340 g
Trockengewicht der Probe nach dem erschöpfenden Auskochen und Auswaschen (Entschlichten)	— 6,9870 g
Verlust (= Gesamtappretur und Schlichte)	1,5470 g
Trockengewicht der entschlichteten Probe	6,9870 g
Hierzu 12,0% als normale Feuchtigkeit für Leinen	+ 0,8384 g
Normalfeuchtes Gewicht der entschlichteten Probe (= Rohware)	7,8254 g
Hierzu der ermittelte Schlichtegehalt	+ 1,5470 g
Normalfeuchtes Gewicht der beschwerten Probe	9,3724 g

$$\text{Beschwerungshöhe der entschlichteten, normalfeuchten Rohware} = \frac{1{,}5470 \cdot 100}{7{,}8254} = 19{,}8\%$$

$$\text{Gehalt der beschwerten, normalfeuchten Ware an Beschwerungsstoffen} = \frac{1{,}5470 \cdot 100}{9{,}3724} = 16{,}5\%$$

Im vorliegenden Falle war der in Arbeit genommene Stoffabschnitt 4 qdm groß; auf 1 qm des Leinengewebes kommen demnach:

$$\frac{1,5470 \cdot 100}{4} = \mathbf{38,7\ g/qm}\ \text{Appretur.}$$

Das auf diese Weise entschlichtete Gewebestück bildet nunmehr die Grundlage für alle weiteren Untersuchungen und Berechnungen (Bestimmung der Garnnummer, der Fadendichte, des Quadratmetergewichtes der Rohware, Feststellung des Garnbedarfs usw).

Übung 41.

Aufgabe: An einer vorgelegten Gewebeprobe ohne Randleiste (Webkante) ist

    a) Kett- und Schußrichtung festzustellen,

    b) die Fadendichte (Einstellung),

    c) der Grad des Einwebens (Einarbeitung, Krimp) und

    d) die Garnnummer von Kette und Schuß zu bestimmen.

Erfordernisse: zu a) die zum Arbeiten nach dem Bestimmungsschema auf S. 127 erforderlichen Hilfsmittel (Präpariernadel, Drallapparat, Lupe, Mikroskop usw.);

    zu b) Maßstab, Präpariernadel und gewöhnliche Lupe, besser Fadenzähler oder besondere Meßlupe (Zeiß), evtl. auch Mikroskop mit schwächerem Objektiv und Okular nebst Zelluloidmaßstab;

    zu c) Maßstab und Schere;

    zu d) vgl. Übung 32.

Ausführung: a) Das untrüglichste Merkmal für die Unterscheidung von Kett- und Schußrichtung ist die feste Webleiste, mit der die Kettfäden stets parallel laufen. Fehlt jedoch diese Kante wie häufig bei kleinen beschnittenen Mustern, so werden die beiden Richtungen durch Prüfung der Fäden hinsichtlich Fasermaterial, Feinheit, Drehung, Zwirnung, Appretur usw. und durch Untersuchung des Gewebes bezüglich Einstellung (Rietstreifen), Bindung usw. bestimmt, wobei die auf S. 127 übersichtlich zusammengestellten Anhaltspunkte für die Beurteilung beachtet werden müssen.

b) Die Fadendichte (Einstellung) wird durch Auszählen der Fäden auf eine bestimmte Maßeinheit bestimmt, die bei dichtstehenden Geweben mindestens 2 cm, bei lose eingestellten Waren zweckmäßig 10 cm beträgt. Selbstredend müssen die Auszählungen an verschiedenen Stellen vorgenommen werden, um für die Durchschnittsdichte einen möglichst genauen Wert zu erhalten. In besonderen Fällen zählt man auch sämtliche Kettfäden über die ganze Warenbreite aus und rechnet dann diese Zahl auf die gewünschte Maßeinheit um. Besonders bequem gestalten sich derartige Fadenzählungen an frei aus dem Gewebe herausragenden Enden, wobei bei Ermittlung der Kettdichte einige Schußfäden, bei Bestimmung der Schußdichte eine Anzahl Kettfäden entfernt werden. Das Zählen der Kettfäden darf nie in der Nähe der Webkante vorgenommen werden, da hier durch das Einziehen des Schusses die Fäden meist etwas dichter stehen als in der Warenmitte. Bei gerauhten und verfilzten Waren ist es erforderlich, die Haare der Oberfläche abzusengen oder abzuscheuern, bis die Bindung zu sehen ist; dann geht die Zählung leicht vonstatten, zumal wenn man die so vorbereiteten Gewebeabschnitte zwischen zwei Glasplatten legt und gegen das Licht hält. Auch kann man sich in solchen Fällen so helfen, daß man die einzelnen Fäden nacheinander herauszieht und zählt. Bei ganz besonders dicht eingestellten Geweben mit mehr als 30 Fäden je Zentimeter empfiehlt sich eine mikroskopische Bestimmung der Fadenzahl. Diese wird im auffallenden Licht in der Weise vorgenommen, daß das zu prüfende fadengerade geschnittene Gewebestück und ein in ½ mm geteilter Maßstab nebeneinander auf den Objekttisch des Mikroskopes gebracht werden. Bei richtiger Einstellung erscheint dann in der einen Hälfte des Gesichtsfeldes das Gewebe, in der anderen die Teilung des Maßstabes, und die Zählung kann unmittelbar erfolgen.

Die Angabe der Dichte entbehrt zurzeit noch eines einheitlichen Bezugsmaßes; für die wichtigsten Systeme gelten folgende Umrechnungszahlen:

Fadendichte/cm × 0,354 = Gangzahl à 40 Fäden auf ¼ Leipziger Elle
(= 14,16 cm) = Sächsische Warendichte

„ „ × 0,417 = Gangzahl à 40 Fäden auf ¼ Berliner Elle
(= 16,67 cm) = Berliner Warendichte

„ „ × 2,082 = Gangzahl à 40 Fäden auf 1 Bayrische Elle
(= 83,3 cm) = Bayrische Warendichte

„ „ × 0,6767 = Dichte auf ¼ französ. Zoll

„ „ × 0,6585 = Dichte auf ¼ Wiener Zoll

„ „ × 2,54 = Dichte auf 1 Zoll engl.

„ „ × 2,36 = Dichte auf 1 sächs. Zoll

„ „ × 1,1 = Dichte auf 11 mm (Elberfelder Feine)

„ „ × 1,048 = Dichte auf 10,48 mm (Krefelder Feine)

c) Die Kenntnis des Einwebverlustes, der Einarbeitung, ist für die Berechnung des Garnbedarfs bei vorgeschriebener Warenlänge und -breite erforderlich und für den Weber von größter Bedeutung, damit weder die Kette zu kurz oder zu lang angelegt noch die Blattbreite falsch gewählt wird. Der Betrag des Einwebens ist sehr verschieden und hängt hauptsächlich von der Bindungsart und Fadenstellung der Gewebe, ferner von der Feinheit, Drehung, Elastizität und Appretur der Fäden sowie von der beim Weben erteilten Spannung ab. Diese Einflüsse wirken sich wiederum bei den einzelnen Materialien recht verschieden aus; z. B. ist der Einwebverlust unter sonst gleichen Verhältnissen bei Verarbeitung von Garnen aus tierischen Haaren größer als bei solchen aus Pflanzenfasern.

In der Praxis wird die Einarbeitung in der Kette aus dem Verhältnis der Warenlänge L zur verarbeiteten Kettenlänge L' und der Einwebverlust in der Schußrichtung aus dem Verhältnis der Warenbreite B zur Blattbreite B' bestimmt; diese für bekannte Gewebe ein- für allemal ermittelten Werte dienen dann bei der Herstellung gleichartiger bzw. ähnlicher Qualitäten als Grundlage für die Kalkulation.

Theoretisch wird der Einwebverlust in der Weise ermittelt, daß man die zu untersuchenden Gewebeabschnitte genau mißt, einige Fäden herauszieht, glatt streicht, ohne jedoch zu dehnen, und wiederum deren Länge festgestellt. Aus der Differenz zwischen Stoffprobenlänge l und dem Durchschnittsmaß der glatt gestreckten Fäden l' berechnet sich die prozentuale Einarbeitung, wobei Verlustprozente (Prozente i. H.) und Zugabeprozente (Prozente a. H.) scharf zu unterscheiden sind.

Formeln für die prozentuale Einarbeitung:

$$p_e = \frac{l'-l}{l} \cdot 100 = \text{Zugabeprozente (Prozent a. H.)}$$

$$p_e = \frac{l'-l}{l'} \cdot 100 = \text{Verlustprozente (Prozente i. H.)}$$

Formeln für die Umrechnung der Zugabeprozente in Verlustprozente und umgekehrt:

$$\frac{\% \, \text{a.\,H.} \times 100}{(\% \, \text{a.\,H.} + 100)} = \text{Prozent i n Hundert}$$

$$\frac{\% \, \text{i.\,H.} \times 100}{(100 - \% \, \text{i.\,H.})} = \text{Prozent a u f Hundert}$$

Beispiel:

Länge der Stoffprobe in der Kettrichtung . . . . $l_k = 100$ mm
Länge der gestreckten Kettfäden im Mittel aus 10 Messungen . . . . $l'_k = 120$ mm
Berechnung der Zugabeprozente:

Grad des Einwebens . . . . $p_{e_k} = \dfrac{120 - 100}{100} \cdot 100 = 20{,}0\%$

Dieser Prozentsatz ist auf die Warenlänge L zuzuschlagen, um die erforderliche Kettenlänge L' zu erhalten.
Berechnung der Verlustprozente:

Grad des Einwebens: $p_{e_k} = \dfrac{120 - 100}{120} \cdot 100 = 16{,}7\%$

Dieser Prozentsatz gibt den Betrag an, um den die Kettenlänge L' eingewebt ist.

Die Einarbeitung in der Schußrichtung (p_{e_s}) errechnet sich in analoger Weise aus l_s und l'_s. Mit Hilfe der Zugabeprozente findet man aus der Warenbreite B die erforderliche Blattbreite B'; die Verlustprozente geben dagegen den Breitenverlust beim Weben an.

d) Vgl. hierzu Übung 32.

Übung 42.

Aufgabe: Für ein glattes, einfarbiges und appreturfreies Baumwollgewebemuster ist bei gegebener Warenbreite und Warenlänge der Garnbedarf für Kette und Schuß zu berechnen.

Erfordernisse: Wie bei Übung 41.

Ausführung: Für die Berechnung des Garnbedarfs einer glatten und einfarbigen Ware sind folgende Angaben erforderlich, die, soweit sie nicht schon bekannt sind, nach den in Übung 41 beschriebenen Grundsätzen ermittelt werden müssen:

1. Die Dichte der Ware d. i. die Anzahl der Kett- und Schußfäden auf das gebräuchliche Maß, Zentimeter, $\frac{1}{4}$ Zoll oder Zoll (f_k und f_s).

2. Die fertige Rohbreite des Gewebes (B).

3. Die geforderte Rohlänge des Stückes (L).

4. Der Grad des Einwebens (Einarbeitung) von Kette und Schuß $\left(p_{e_k}$ und p_{e_s} in Prozent a. H.$\right)$.

5. Die Strähnlänge des verwendeten Garnmaterials (vgl. Tabelle auf S. 104).

6. Die Feinheit (Nummer) der Garne im üblichen System (N_k und N_s).

7. Die Garnverluste: Spul-, Schär- und Webverlust für die Kette $\left(p_{v_k}$ in Prozent$\right)$; Abfall und Hülsenverlust für den Schuß $\left(p_{v_s}$ in Prozent$\right)$.

8. Die Bindungsart und Breite der Webkante ($f_1 =$ Anzahl der Leistenfäden).

a) Berechnung des Garnbedarfs für die Kette G_k:

1. Man multipliziert die Anzahl der Kettfäden, die sich auf einem Zentimeter im Gewebe befinden, mit der Gewebebreite in Zentimeter, zählt hierzu die Anzahl der Leistenfäden und erhält die Gesamtzahl der Kettfäden.

2. Man bestimmt die Schärlänge in Meter, d. i. die Länge der Kette, welche zur Anfertigung einer bestimmten Warenmenge erforderlich ist. Die Schärlänge setzt sich aus der Warenlänge in Meter $+$ Einarbeitung $+$ Abfall (zum Anknoten einer neuen Kette usw.) zusammen.

3. Man multipliziert die Gesamtzahl der Kettfäden mit der Schärlänge in Meter und erhält als Ergebnis die Gesamtlänge des Kettgarnes für die gewünschte Warenlänge und -breite in Meter.

4. Die Gesamtlänge dividiert durch die Länge eines Strähns des Garnes, welches zur Kette verwendet werden soll, ergibt die erforderliche Summe der Garnsträhne für das zu arbeitende Stück Ware.

5. Die Summe der ermittelten Strähne, geteilt durch die festgestellte oder bekannte Garnnummer, stellt das Gesamtgewicht der Kette dar.

Durch Vereinigung dieser Berechnungen in einem Bruchstrich lautet die Formel für das Garngewicht der Kette in engl. Pfund:

$$G_k = \frac{(f_k/\text{cm} \cdot B^{\text{cm}} + f_1) \cdot L^{\text{m}} \cdot \left(1 + \dfrac{p_{e_k}}{100}\right) \cdot \left(1 + \dfrac{p_{v_k}}{100}\right)}{768 \cdot N_{e_k}}$$

b) Berechnung des Garnbedarfs für den Schuß G_s:

1. Man bestimmt die Gesamtzahl der Schußfäden für die verlangte Warenbreite durch Multiplikation der Schußdichte je Zentimeter mit der Stücklänge in Zentimeter.

2. Man ermittelt die einzelne Schußfadenlänge in Meter als Einstellungsbreite der Kette im Blatt (= gewünschte Warenbreite in Meter + Einarbeitung).

3. Man multipliziert die Gesamtzahl der Schußfäden mit der einzelnen Schußfadenlänge in Meter und addiert hierzu die Abfallprozente. Auf diese Weise findet man die gesamte Schußgarnlänge in Meter für die gewünschte Warenlänge und -breite.

4. Diese Gesamtschußgarnlänge dividiert durch die Länge eines Strähns ergibt die erforderliche Summe der Schußgarnsträhne.

5. Die gefundene Strähnezahl, geteilt durch die zur Verwendung kommende Schußgarnnummer, stellt das Gesamtgewicht des Schusses dar.

Durch Vereinigung dieser Einzelberechnungen folgt die Formel für das Garngewicht zum Schuß in engl. Pfund:

$$G_s = \frac{f_s/\mathrm{cm} \cdot L^{\mathrm{cm}} \cdot B^{\mathrm{m}} \cdot \left(1+\dfrac{p_{e_s}}{100}\right) \cdot \left(1+\dfrac{p_{v_s}}{100}\right)}{768 \cdot N_{e_s}}$$

Da in der Fabrikation der eine Garnverlust am anderen mitentsteht, müssen in der angegebenen Weise die einzelnen Prozentsätze für Abfälle, Einarbeitung, Hülsenabgang usw. aufeinander aufgerechnet werden. Bei einer einfachen Addition würde man die Verluste zu gering bewerten, und der Weber käme dann mit der ermittelten Garnmenge nicht aus.

Soll der Garnbedarf für Buntwaren (lang- oder quergestreifte, karierte und gemusterte Gewebe) berechnet werden, so stellt man zunächst auf Grund des Bindungsbildes (Patrone) das Schärmuster auf. Dieses enthält die im Gewebe der Reihe nach folgenden Fadenanzahlen der verschiedenen Farben oder Materialien (bei gemischten Geweben) sowie die Angabe, wie oft das Muster zu wiederholen ist. Alsdann zieht man aus dem Schärmuster die wiederkehrenden gleichen Farben heraus und stellt diese in einem sogenannten Farbenauszug zusammen, dessen Gesamtzahl mit der Fadenzahl des Schärmusters, der Patrone und des Gewebes natürlich übereinstimmen muß. Die Berechnung der Strähnezahl und des Garngewichtes hat dann für eine jede einzelne Farbe und, wenn auch die Feinheit der Garne verschieden ist, für jede einzelne Nummer getrennt zu erfolgen. Bei gleicher Bindung und wenn sämtliche Kett- und Schußfäden der zu berechnenden Ware aus demselben Material bestehen, bleibt für alle Fäden die Strähnlänge und der Einwebverlust gleich. Sobald jedoch Materialien mit verschiedenen Strähnlängen (z. B. Baumwolle mit 840 Yards = 768,1 m und Leinen mit 300 Yards = 274,3 m) nebeneinander eingestellt werden, muß bei der Berechnung diese unterschiedliche Länge berücksichtigt werden.

Bei Geweben, die später irgendwie veredelt (appretiert, gebleicht, gewalkt, gepreßt, kalandert usw.) werden sollen, müssen der Garnkalkulation nicht Länge, Breite, Dichte, Garnnummer usw. der fertigen Ware, sondern die Daten der Rohware zugrunde gelegt werden. Die Veränderung der Warenlänge, -breite und -dichte durch die Veredlungsprozesse wird praktisch durch Erfahrungskonstanten erfaßt.

Beispiel: Von einem glatten Baumwollgewebe sei in 80 cm Breite (B) ein 100 m langes Stück (L) zu weben. Das untersuchte Probemuster enthalte 20 Kettfäden (f_k) 18er engl. Watergarn $\left(N_{e_k}\right)$ und 14 Schußfäden (f_s) 10er engl. Mulegarn $\left(N_{e_s}\right)$ auf 1 cm. Die Einarbeitung in Kette und Schuß betrage je 5% $\left(p_{e_k} \text{ und } p_{e_s}\right)$, die Garnabfälle je 6% $\left(p_{v_k} \text{ und } p_{v_s}\right)$. Die Webkante bestehe aus demselben Material wie die übrigen Kettfäden (18er engl. Watergarn), sei doppelt so dicht wie das Gewebe eingezogen und auf jeder Warenseite ½ cm breit; es ist also an den beiden Webkanten neben der normalen Einstellung außerdem mit insgesamt 20 Leistenfäden ($= f_l$) zu rechnen.

Aus diesen Angaben berechnet sich nach obigen Formeln:

$$G_k = \frac{(20 \cdot 80 + 20) \cdot 100 \cdot 1,05 \cdot 1,06}{768 \cdot 18} = \frac{180306}{768 \cdot 18} = \textbf{13,04 Pfd.} \text{ engl.}$$

18er Water zur Kette.

$$G_s = \frac{14 \cdot 10000 \cdot 0,80 \cdot 1,05 \cdot 1,06}{768 \cdot 10} = \frac{124656}{768 \cdot 10} = \textbf{16,23 Pfd.} \text{ engl. 10er Mule}$$

zum Schuß.

Umrechnung in das Dezimalsystem:

$$G_k = \frac{180306}{1000 \cdot N_{m_k}} = \frac{180306}{1000 \cdot 30,48} = \textbf{5,92 kg} \quad \text{30er metr. Water zur Kette.}$$

$$G_s = \frac{124656}{1000 \cdot N_{m_s}} = \frac{124656}{1000 \cdot 16,93} = \textbf{7,36 kg} \quad \text{17er metr. Mule zum Schuß.}$$

Einfachere Berechnung:

Da 2,2 englische Pfund 1 kg ergeben (Umrechnungszahl: $\frac{1000}{453,6} = 2,2$), ist:

$$\frac{G \text{ in Pfd. engl.}}{2,2} = G \text{ in kg.}$$

Im vorliegenden Fall ergibt sich:

$$
\begin{aligned}
G_k \text{ (kg)} &= 13,04 : 2,2 = 5,93 \text{ kg} \\
G_s \text{ (kg)} &= 16,23 : 2,2 = 7,38 \text{ kg}
\end{aligned}
$$

Gesamtgarnbedarf
für 100 m fertige
Rohware $= G_{ges} = \textbf{13,31 kg}$

Übung 43.

Aufgabe: Für ein glattes ungeschlichtetes Baumwollgewebe ist bei bekannter Webbreite aus der Fadendichte und der Garnnummer

    a) das Quadratmetergewicht und

    b) das Gewicht eines laufenden Meters der fertigen Rohware zu berechnen.

Erfordernisse: Wie in Übung 41.

Ausführung: Die Bestimmung des Quadratmetergewichtes einer Ware läßt sich am einfachsten in der Weise ausführen, daß ein mittels Schablone ausgeschnittener und der Fläche nach genau bekannter Stoffabschnitt auf einer analytischen Waage direkt gewogen wird. Bezeichnet f die Größe des ausgemessenen Stoffprobestückes in Quadratzentimeter und g das ermittelte Gewicht dieses Abschnittes, so ergibt sich das gesuchte Quadratmetergewicht G_q der Ware in Gramm durch folgende Umrechnung:

$$G_q = \frac{g \;(\text{Gramm}) \cdot 10\,000}{f \;(\text{qcm})}$$

Der laufende Meter der Ware bei B Zentimeter fertiger Rohbreite wiegt demnach:

$$G_l = \frac{G_q \;(\text{Gramm}) \cdot B \;(\text{cm})}{100} \;\text{ in Gramm.}$$

Besonders geeichte Quadrantenwaagen gestatten durch Anhängen eines Stoffabschnittes von bestimmter Größe ein unmittelbares Ablesen des gesuchten Quadratmetergewichtes ohne jede Umrechnung.

Es empfiehlt sich, alle Muster zunächst erst einige Zeit bei normaler relativer Luftfeuchtigkeit (65%) auszulegen, ehe man mit der Wägung beginnt.

Stehen jedoch für diese Gewichtsbestimmungen keine Stoffmuster zur Verfügung, so muß der Materialinhalt des Gewebes an Kette und Schuß theoretisch berechnet werden, was nach den gleichen Grundsätzen wie die Ermittlung des erforderlichen Garnbedarfs geschieht (vgl. Übung 42), jedoch mit dem Unterschiede, daß hierbei nur das in der Ware tatsächlich enthaltene Garngewicht in Frage kommt und der Garnabfall, der bei der Fabrikation entsteht, nicht mit berücksichtigt werden darf. Der Einarbeitung in Kett- und Schußrichtung ist selbstverständlich durch einen geeigneten Zuschlag Rechnung zu tragen.

Aus diesem Rein- oder Rohgewicht erhält man schließlich durch Zuschlag des Appreturgehaltes oder durch Abzug des Bleichverlustes u. dgl. das entsprechende Gewicht der fertigen Ware. Andererseits kann man auch durch Vergleich des theoretisch berechneten Rohgewichtes mit dem wirklichen, durch Abwiegen gefundenen Gewicht der fertigen Ware den Appreturgehalt, Bleichverlust usw. feststellen.

Beispiel: Glattes Baumwollgewebe mit den gleichen Daten wie in Übung 42:

$$N_{e_k} = 18 \text{ engl.}; \; N_{e_s} = 10 \text{ engl}; \; f_k = 20 \text{ Fäden/cm};$$

$$f_s = 14 \text{ Fäden/cm}; \; B = 80 \text{ cm}; \; p_{e_k} \text{ und } p_{e_s} \text{ je } 5\%.$$

a) Berechnung des Quadratmetergewichtes:

In den bei Übung 42 abgeleiteten Formeln werden $L = B = 1\,\text{m}$ bzw. 100 cm gesetzt und die Garnverlustkonstanten p_{v_k} und p_{v_s} sowie die Leistenfäden f_1 fortgelassen.

$$G_k = \frac{f_k \cdot 100 \cdot 1 \cdot \left(1 + \frac{p_{e_k}}{100}\right)}{768 \cdot N_{e_k}} = \frac{20 \cdot 100 \cdot 1{,}05}{768 \cdot 18} = 0{,}1519 \text{ engl. Pfund zur Kette}$$
$$\text{für 1 qm.}$$

$$G_s = \frac{f_s \cdot 100 \cdot 1 \cdot \left(1 + \frac{p_{e_s}}{100}\right)}{768 \cdot N_{e_s}} = \frac{14 \cdot 100 \cdot 1{,}05}{768 \cdot 10} = 0{,}1914 \text{ engl. Pfund zum Schuß}$$
$$\text{für 1 qm.}$$

$$\text{Quadratmetergewicht} = G_k + G_s = \overline{0{,}3433} \text{ engl. Pfund.}$$

Dieses Gewicht in Gramm umgerechnet ergibt:

$$G_q = \frac{0{,}3433 \cdot 1000}{2{,}2} = 156 \text{ g/qm.}$$

In den meisten Fällen erübrigt sich diese getrennte Rechnung für Kette und Schuß. Das gesuchte Quadratmetergewicht in Gramm findet man dann am schnellsten nach den auf S. 132 angegebenen Summenformeln, wobei ein besonderer Umrechnungsfaktor die verschiedenen Numerierungssysteme berücksichtigt. Für die englische Baumwollnummer z. B. gilt:

$$G_q = 59{,}1 \cdot \left(f_k/N_{e_k} + f_s/N_{e_s}\right) \cdot \left(1 + \frac{p_e}{100}\right)$$

Im vorliegenden Falle berechnet sich hiernach:

$$G_q = 59{,}1 \cdot (20/18 + 14/10) \cdot 1{,}05 = 155{,}8 \text{ g/qm.}$$

b) Berechnung des Gewichtes eines laufenden Meters.

Ohne Berücksichtigung der doppelten Einstellung in der Webkante ergibt sich das gesuchte Gewicht eines laufenden Meters in der gewünschten Warenbreite ($B = 80$ cm) aus dem bereits bekannten Quadratmetergewicht zu:

$$G_l = \frac{156 \cdot 80}{100} = 124{,}8 \text{ g.}$$

Stellt man die Leistenfäden mit in Rechnung, so findet man für den laufenden Meter Ware ein Gewicht von

$$G_l = 125{,}5 \text{ g.}$$

In Übung 42 war für 100 m dieses Gewebes der Gesamtgarnbedarf für Kette und Schuß zu

$$G_{ges} = 13{,}31 \text{ kg}$$

errechnet worden. Das wären für den laufenden Meter 133,1 g. Zieht man von diesem Gewicht den einkalkulierten Garnabfall von 6% ab, der tatsächlich in der fertigen Ware nicht mit enthalten ist, so folgt für den laufenden Meter ein Gewicht von:

$$G_l = \frac{133{,}1}{1{,}06} = 125{,}5 \text{ g,}$$

wie bereits oben ermittelt wurde.

B. Instrumentarium; Reagenzien; Analytische Bestimmungstafeln und -schlüssel; Erfahrungswerte, Konstanten und sonstige Berechnungsgrößen; Formeln; Maße und Gewichte; Logarithmen; Literatur.

1. Verzeichnis der wichtigsten Apparate für mechanisch-physikalische Textiluntersuchungen.

(Die benötigten Spezialerfordernisse, insbesondere diejenigen zur mikroskopischen und optischen Prüfung der Textilien, sind jeweils am Kopf der einzelnen Übungsaufgaben zusammengestellt.)

Lfd. Nr.	Apparatbezeichnung	Wichtigste Bezugsquellen
1.	Analytische (chemische) Waage mit 1 mg Empfindlichkeit nebst Präzisionsgewichtssatz	G. Sartorius, Göttingen, u. a.
2.	Mikrowaage für den technischen Gebrauch mit einem Meßbereich von 0—100 mg und einer Empfindlichkeit von $\pm$ 0,05 mg (Torsionswaage)	Hartmann & Braun, Frankfurt a. M.
3.	Konditionierapparat mit elektrischer Heizung, Temperaturregler und eingebauter Wägeeinrichtung	L. Schopper, Leipzig; M. Kohl, Chemnitz; F. R. Poller, Leipzig
4.	Heizschrank (Trockenofen) mit elektrischer Heizung und Temperaturregler (Temperaturbereich zweckmäßig bis zu 250° C)	L. Schopper, Leipzig; A. E. G.; Siemens; W. C. Heraeus, Hanau
5.	Präzisionsgarnweifen mit selbsttätiger Fadenspannvorrichtung für verschiedene Numerierungssysteme	L. Schopper, Leipzig; M. Kohl, Chemnitz; F. R. Poller, Leipzig
6.	Waagen zur direkten Bestimmung der verschiedenen Garnnummern und des Seidentiters (zweckmäßig Vereinigung von Sortierweife und Garnwaage)	dgl.
7.	Verstellbare Strähnhaspel (Vorhaspel)	dgl.
8.	Vorgespinst-Meßapparat mit Waage zur Sortierung der Vorgarnnummer	L. Schopper, Leipzig; M. Kohl, Chemnitz
9.	Mikrometrische Universalgarnwaage zur Nummerbestimmung kurzer Fadenlängen (nach Staub, Seidel, Saladin u. a.)	dgl.
10.	Quadrantenwaage zur Bestimmung des Quadratmetergewichtes von Geweben nebst Ausschlageisen oder Schablone zur Vorbereitung der Stoffproben	dgl.

Tabelle 1 (Fortsetzung).

Lfd. Nr.	Apparatbezeichnung	Wichtigste Bezugsquellen
11.	Festigkeits- und Dehnungsmesser verschiedener Bauart und Kraftbereiche (zweckmäßig mit Gewichtshebelbelastung, elektrischem Antrieb und selbsttätiger Aufzeichnung des Zerreißdiagramms)	L. Schopper, Leipzig; M. Kohl, Chemnitz; Gesellschaft für Feinmechanik, Mannheim; F. R. Poller, Leipzig; H. L. Scott, Providence (U. S. A.)
a)	für Einzelfasern und Faserbündel mit einem Meßbereich bis zu 100 g Defordenapparat (nach P. K r a i s) Gespinstmikrodynamometer (nach G ü l - d e n p f e n n i g)	H. Keyl, Dresden P. Polikeit, Halle a. S.
b)	für feine Gespinste (Seide, Kunstseide usw.) mit einem Meßbereich a) bis zu 200 g und b) bis zu 1000 g	siehe oben
c)	für mittelfeine und grobe Garne mit einem Meßbereich a) bis zu 1000 g und b) bis zu 5000 g	
d)	für leichtere Gewebe, Bindfäden u. dgl. mit einem Meßbereich a) bis zu 10 kg und b) bis zu 50 kg	
e)	für schwere Gewebe, Segeltuche, Riemen, Transportbänder usw. mit einem Meßbereich bis zu 500 kg bzw. 1000 kg und mehr Spezielle Prüfmaschinen: Dehnungsapparat für Fäden und Fasern nach M. Polanyi	Kaiser - Wilhelm - Inst. f. Faserstoffchemie, Berlin-Dahlem
	Apparat für fortlaufende Garnprüfungen auf Festigkeit und Elastizität nach Dietz	F. R. Poller, Leipzig
	dgl., aber nur zur Bestimmung der Festigkeit (Moscrop-Einzelfaden-Prüfmaschine)	Cook & Co. Ltd., Manchester
12.	Drallapparat (Drehungszähler) zur Bestimmung der Drehung von Gespinsten	L. Schopper, Leipzig; M. Kohl, Chemnitz
13.	Apparat zur Bestimmung der Reinheit und Gleichförmigkeit von Gespinsten mit Musterkartenwickeleinrichtung	dgl.
14.	Apparate zur Bestimmung der mittleren Faserlänge (Stapelmeßinstrumente) Stapelsortierapparat für Baumwolle (nach O. J o h a n n s e n)	K. Zweigle, Reutlingen
	Stapelsortierapparat für Wolle (Kammzugzerlegmaschine)	Schlumberger, Mühlhausen (Nouvelle Société de Construction)
15.	Dickenmeßinstrument mit Mikrometerteilung	L. Schopper, Leipzig
16.	Hydrostatische Waage oder Pyknometer zur Ermittlung des spezifischen Gewichtes von Faserstoffen	H. Keyl, Dresden und andere Firmen phys.-chem. Apparate
17.	Extraktionsapparat zur Fettgehaltsbestimmung, zur Ermittlung des Auswaschverlustes, des Rendements von Schweißwollen u. dgl.	dgl.
18.	Veraschungsschalen aus Platin oder Quarzglas mit Gebläseeinrichtung	
19.	Fadenzähler mit Wagenlupe und Stoffspannvorrichtung	L. Schopper, Leipzig

Tabelle 1 (Fortsetzung).

Lfd. Nr.	Apparatbezeichnung	Wichtigste Bezugsquellen
	oder: Meßlupe mit verschiedenen Einsätzen	C. Zeiß, Jena
	oder: Differentialfadenzähler	W. Walz, St. Gallen.
20.	Abreibeprüfmaschine (Scheuerapparat) zur Ermittlung der Tragfähigkeit und Reibfestigkeit von Geweben	
	mit rotierender Scheuerplatte (nach Herzog und Geiger)	L. Schopper, Leipzig
	mit hin- und hergehender Scheuerplatte (nach E. Müller)	H. Keyl, Dresden
21.	Berstdruckprüfer zur Bestimmung der Zerplatzfestigkeit von Geweben mit Wölbhöhenmesser (nach Dalén)	L. Schopper, Leipzig
22.	Wasser- und Luftdurchlässigkeitsprüfer (= Porosimeter) für Gewebe (imprägnierte Bekleidungsstoffe, Ballonstoffe, Fallschirmstoffe u. dgl.)	L. Schopper, Leipzig
23.	Apparat zur Bestimmung der Wärmedurchlässigkeit von Geweben (nach E. Müller)	H. Keyl, Dresden
24.	Hygrometer und Psychrometer zur Bestimmung der relativen Luftfeuchtigkeit	W. Lambrecht, Göttingen; Danneberg & Quandt, Berlin; Dr. Katz, Waiblingen (Württembg.); u. a. m.
25.	Allerhand Hilfsmittel und Nebenapparate (Gewichtssätze, Exsikkatoren, Bunsenbrenner, Porzellanschalen, Bechergläser, Reagenzgläser, Maßstäbe, Scheren, Pinzetten, schwarze Samtplatten, Bürsten, Rasiermesser, feine Haarpinsel usw.)	

2. Alphabetisches Verzeichnis der für Faseruntersuchungen erforderlichen Reagenzien.

Alkohol, zum Entfernen von Fett und zur Herstellung von Farbstofflösungen (Tinkturen) verwendet.

Ammoniak, zum Abziehen der Farbstoffe von gefärbten Fasern.

Anilinsulfat. Die konzentrierte wäßrige Lösung wird mit etwas Schwefelsäure versetzt. Ausgezeichnetes Reagens zum Nachweis verholzter Zellmembranen (Gelbfärbung).

Azeton, Lösungsmittel für Azetatseide.

Benzol, zur Bestimmung der Dichte von Faserstoffen.

Benzopurpurin 10 B, a) in Verbindung mit Malachitgrün von H. Behrens zur Unterscheidung von Flachs und Hanf vorgeschlagen. Die Faserprobe wird auf dem Objektträger mit etwas festem Malachitgrün und etwas Essigsäure versetzt, sodann wird zum Kochen erhitzt und nach dem Erkalten der überschüssige Farbstoff abgesaugt. Hierauf folgt zweimaliges Waschen mit Wasser (heiß und kalt). Zu den so grün gefärbten Fasern setzt man einige Tropfen einer lauwarmen Lösung von Benzopurpurin 10 B. Nach dem Umfärben erscheint der Hanf buntfarbig mit unreinen Mischfarben von grünblau bis violett, der Flachs rot mit grüner Mittellinie (Protoplasma des Lumens).

b) nach Sieber zum Nachweis von Wollschäden in verdünnter Lösung (1 g im Liter) an Stelle der zersetzlichen Diazobenzolsulfosäure von Pauly.

Blutlaugensalz, gelbes, a) in Verbindung mit 10%iger Kupfervitriol-lösung zur makroskopischen Unterscheidung von Flachs und Baumwolle nach A. Herzog,

b) zum Nachweis von Eisen (Blaufärbung).

Chloralhydrat, zum Aufhellen bzw. zur Strukturverdeutlichung von Zellmembranen verwendet. 5 g Chloralhydrat werden in 2 ccm Wasser gelöst.

Chlorwasser, a) Entfärbungsmittel für stark gefärbte Fasern.

b) Reagens nach Allwörden auf unbeschädigte tierische Haare (Elastikumreaktion). Gesättigtes Chlorwasser ist mit 1—2 Teilen destilliertem Wasser zu verdünnen. Das Reagens ist stets frisch zu benutzen und nach Naumann im Dunkeln aufzubewahren.

Chlorzinkjod, wichtiges Reagens zur Gruppentrennung von Fasern. Nach Herzberg bereitet man 2 Lösungen:

1) 20 g trockenes Zinkchlorid in 10 ccm Wasser gelöst.

2) 2,1 g Jodkalium und 0,1 g Jod in 5 ccm Wasser gelöst.

1) und 2) werden vermengt, der Niederschlag absitzen gelassen, die überstehende klare Flüssigkeit abgezogen und mit einem Blättchen Jod versetzt. Vor Licht zu schützen! Reagens färbt reine Zellulose blau bis weinrot, verholzte Membranen gelb bis gelbbraun.

Chromsäure, a) wichtiges Mazerationsmittel. 1 g doppeltchromsaures Kali in 10—20 ccm Wasser gelöst und mit 10 ccm konzentrierter Schwefelsäure versetzt. Zur Isolierung der Elementarfasern wird das Reagens kalt verwendet und greift die Zellulose weit weniger an als Schulzes Mazerationsgemisch,

b) zur Unterscheidung der natürlichen und künstlichen Seiden: Naturseide fixiert Chromsäure und doppeltchromsaure Salze mit gelber Farbe, während Kunstseide farblos bleibt.

Deckglaskitt nach Krönig, zur Herstellung von Abdrücken tierischer Haare (A. Herzog) und zum vorläufigen Abschluß mikroskopischer Präparate verwendet.

Diazobenzolsulfosäure (Diazoreagens) nach Pauly. Zum Nachweis von Wollschädigungen. 2 g Sulfanilsäure, aufgeschwemmt in 3 ccm Wasser und 2 ccm konzentrierter Salzsäure, werden mit einer Lösung von 1 g Natriumnitrit in 2 ccm Wasser vorsichtig diazotiert. Die hierbei entstehende Diazobenzolsulfosäure wird rasch gewaschen, auf dem Filter gesammelt und durch Übergießen mit 10%iger Sodalösung gelöst. Reagens ist wegen seiner leichten Zersetzlichkeit stets frisch zu verwenden.

Digitonin, 1%ige Lösung in 85%igem Alkohol. Zum Nachweis von Cholesterin im Wollfett (Windaus, Brunswik).

Diphenylamin. Ein Tropfen konzentrierter Schwefelsäure wird mit etwas festem Diphenylamin versetzt. Vorzügliches Reagens auf Nitratseide (Blaufärbung).

Eisessig, Lösungsmittel für Azetatseide.

Eiweißglyzerin, zum Aufkleben von Faserquerschnitten auf dem Objektträger (stets frisch zu bereiten!)

Eosin extra, siehe Zartsche Lösung.

Essigsäure, zum Ansäuern von Farbstoffen usw. verwendet.

Fenchelöl und andere zur Bestimmung der Lichtbrechung nötige Flüssigkeiten (Anethol, Anilin, Anisöl, Nelkenöl, Monobromnaphtalin, Zedernöl, Zitronenöl usw. vgl. auch Tabelle auf S. 100).

Fuchsin, alkoholische Lösung, zur Unterscheidung von Flachs und Baumwolle auf makroskopischem Wege nach Böttger. Reagens (0,01 Teile Fuchsin, 30 Teile Alkohol, 30 Teile dest. Wasser) wird auch zur Trennung von Baumwolle und Kapok verwendet. Nach einstündiger Behandlung der Probe mit dieser Lösung bei gewöhnlicher Temperatur und nach gründlichem Auswaschen zeigt Kapok eine lebhafte, rote Färbung, wogegen Baumwolle weiß bleibt.

Gelatine (Höchst), 10%ig, mit etwas Phenol versetzt, wird zur Einbettung der Fasern bei dem A. Herzogschen Zählverfahren und zur Herstellung von Lichtfiltern für mikrophotographische Zwecke verwendet.

Glyzerin.

Glyzeringelatine.

Jodlösung nach Vétillard: 1 g Kaliumjodid in 100 g Wasser gelöst und mit Jod gesättigt; zweckmäßig läßt man einen Überschuß von Jod in der Flüssigkeit. Nach Herzberg (Papierprüfung): 2 g Kaliumjodid und 1,15 g Jod werden unter Zusatz von 2 ccm Glyzerin und 20 ccm Wasser gelöst. Als Gruppenreagens in der Papieranalyse mit Vorteil zu verwenden. Holzschliff und Jute werden gelb, Lumpenfasern (Baumwolle, Leinen und Hanf) braun und Holz-, Stroh- und Espartozellulose nicht gefärbt.

Jodkalistärkelösung, verwendet zur Prüfung auf Bleichmittelrückstände.

Kaliumhydrat (Kalilauge). 1—2%ige wäßrige Lösung zum Mazerieren von Pflanzenfasern. Konz. Lösung mit gleichem Volumen konz. Ammoniak vermengt zu Baumwollprüfungen (Makobaumwolle, Merzerisierprobe) verwendet. In der quantitativen Analyse dient Kalilauge zur Trennung der pflanzlichen und tierischen Fasern.

Kanadabalsam in Tuben.

Kongorot, a) nach Behrens: Die Lösung von Kongorot in heißem Wasser dient, nach Zusatz von etwas Soda, zur Färbung von Flachs- und Hanffasern, welche starken Dichroismus annehmen. Nach Einschaltung des Objekttischnikols und Drehung des Präparates um 360 Grad erscheinen die Fasern zweimal dunkelrot und zweimal fast farblos. b) In konzentrierter Lösung zur Unterscheidung von Kupferseide (dunkelrot gefärbt) und Viskoseseide (hellrot gefärbt).

Kupferglyzerin. 10 g Kupfervitriol in 100 ccm Wasser gelöst, mit 5 g konzentriertem Glyzerin versetzt und so viel Kalilauge zugefügt, bis der entstehende Niederschlag wieder vollständig gelöst wird. Reagens löst in der Hitze die natürliche Seide, während Kunstseide selbst bei längerem Erwärmen nicht gelöst wird.

Kupferoxydammoniak (Schweizers Reagens). Bereitung nach v. Höhnel: Eine wäßrige Lösung von Kupfervitriol wird mit Ammoniak versetzt, der entstehende Niederschlag filtriert, gewaschen, von überschüssiger Feuchtigkeit durch Pressen zwischen Filterpapier befreit und noch feucht in möglichst wenig konzentriertem Ammoniak gelöst. Bereitung nach Wiesner: Kupferdrehspäne werden so lange im offenen Fläschchen mit Ammoniak behandelt, bis die entstehende dunkelviolette Flüssigkeit Baumwolle rasch auflöst. Frisch zu bereiten! Herstellung und Filtration zweckmäßig in dem Gefäß nach A. Herzog.

Lackmuspapier, rotes und blaues. Zur Unterscheidung von pflanzlichen und tierischen Fasern. Fasermaterial wird in einem trockenen Probierglase, in welches man befeuchtetes Lackmuspapier hineinhängt, stark erhitzt. Verbrennungsgase von Pflanzenfasern reagieren sauer (Rötung von blauem Lackmuspapier), von tierischen Fasern alkalisch (Bläuung von rotem Lackmuspapier). Die Kunstseiden außer Azetatseide verhalten sich wie die Fasern pflanzlichen Ursprungs.

Mäules Reagens. Man behandelt die auf Verholzung zu prüfenden Fasern etwa 5 Min. mit einer 1%igen Lösung von Kaliumpermanganat. Nach dem Auswaschen mit Wasser legt man die Proben etwa 2 Min. in verdünnte Salzsäure und wäscht wiederum aus. Nunmehr bringt man das Präparat auf einen Objektträger und hält es über die Öffnung einer Ammoniakflasche (evtl. kann man auch einen Tropfen Ammoniak zufließen lassen). Die verholzten Teile färben sich hierbei sofort rot.

Malachitgrün, von H. Behrens als Gruppenreagens für Faserstoffe empfohlen. Die mit wenig Essigsäure versetzte wäßrige Lösung färbt: Seide, Wolle, Jute und Holzschliff wasserecht, Hanf und Manila halbecht, Flachs, Baumwolle, Stroh, Esparto und Zellulose unecht. In wäßriger Lösung kann Malachitgrün auch zur Unterscheidung von Kupferseide (hell gefärbt) und Viskoseseide (dunkel gefärbt) verwendet werden. Siehe auch „Benzopurpurin".

Marseiller Seife, zum Entbasten der Seide gebraucht.

Mazerationsmittel, siehe Chromsäure, Kalilauge, Natriumkarbonat, Reagens nach Schulze.

Methylenblau, a) nach H. Behrens zur unterschiedlichen makroskopischen Färbung von Flachs und Baumwolle. Zweckmäßig kombiniert mit der Ölprobe. b) in wäßriger Lösung zur Unterscheidung von Kupfer- und Viskoseseide (erstere hellblau, letztere dunkelblau gefärbt).

Millons Reagens, zum Nachweis von Fasern tierischen Ursprungs (Rotfärbung). Man löst 1 ccm Quecksilber in 9 ccm Salpetersäure (spez. Gewicht 1,5), verdünnt mit dem gleichen Volumen Wasser und zieht die klare Lösung für den Gebrauch ab. Das Reagens gibt beim Erwärmen mit Eiweißlösungen einen ziegelroten Niederschlag.

Molischs Reagens. Gleiche Volumenteile konzentrierter Kalilauge und Ammoniak.

Naphthol ($\alpha-$). 20 g α-Naphthol in 100 g Alkohol gelöst. Zum makroskopischen Nachweis pflanzlicher Fasern oder aus zellulosehaltigem Material hergestellten Kunstseiden benutzt. In einem Probeglase werden zusammengebracht: etwa 0,1 g Fasern, 1 ccm Wasser, 2 Tropfen Naphthollösung und 1 Tropfen konzentrierte Schwefelsäure. Nach erfolgter Lösung der Fasern tritt beim Schütteln eine tiefviolette Färbung der Flüssigkeit ein. Tierische Fasern färben die Flüssigkeit schmutziggelb bis rötlichbraun. Wolle löst sich in dem Reagens nicht. An Stelle von α-Naphthol kann auch Thymol verwendet werden.

Naphtylaminschwarz 4 B (Casella & Co.), wäßrige Lösung. Färbt in neutralem, heißem Bade Kupferseide dunkelblau, Viskoseseide hellblau.

Natriumkarbonat. 10%ige wäßrige Lösung als Mazerationsmittel nach Vétillard. Die Fasern werden etwa 30 Min. in der Sodalösung gekocht, hierauf in Wasser gespült und hernach zwischen den Fingern gerieben, um eine vollständige Trennung der Faserelemente zu erzielen.

Natriumplumbat. Durch Lösung von Bleiazetat in warmer Natronlauge erhalten. Zur makroskopischen Unterscheidung der tierischen Wollen und Haare von den Seiden und Pflanzenfasern. Ungefärbte tierische Haare werden infolge ihres Schwefelgehaltes beim Erwärmen mit dem Reagens dunkelbraun gefärbt. Seiden (echte sowie künstliche) und pflanzliche Fasern bleiben farblos.

Natronlauge, ebenso verwendet wie Kalilauge.

Nickeloxydammoniak. Lösungsmittel für echte Seide. 25 g Nickelsulfat (krist.) in 500 ccm Wasser gelöst und mit Natronlauge gefällt; der gewaschene Niederschlag wird in 125 ccm konz. Ammoniak und 125 ccm Wasser gelöst.

Nitriersäure von gleichen Volumina engl. Schwefelsäure und konz. Salpetersäure löst echte Seide in 15 Min. völlig auf. Pflanzenfasern bleiben farblos, während Wolle, weniger die echte Seide, gelb bis gelbbraun gefärbt werden.

Oxydiaminschwarz A, in konz. Lösung zur Unterscheidung von Kupfer- und Viskoseseide. Erstere wird schwarz, letztere rotbraun gefärbt.

Papierjod, nach v. Höhnel in Verbindung mit der Papierschwefelsäure wichtigstes und bestes Gruppenreagens in der Papieranalyse. Bei richtiger Konzentration der Säure färben sich die Hadernfasern schön rotviolett, Zellstoffe aus Holz und Stroh reinblau oder graublau, alle verholzten Fasern (Jute, Holzschliff usw.) dunkelgelb. Schlecht oder nicht gebleichte Holz- und Strohzellulosen zeigen oft nur eine blaßblaue, bei größerem Ligningehalt eine gelbliche Färbung.

Paraffin. Mehrere Sorten mit verschiedenem Schmelzpunkt. Zu Fasereinbettungen Paraffin von 60° Schmelzpunkt.

Paraffinöl.

Pelikantinte Nr. 4001 (Günther Wagner). Siehe Zartsche Lösung.

Petroleum. Zur Bestimmung der Dichte von Faserstoffen, wie Xylol, Benzol, Olivenöl, Alkohol u. dgl.

Petroleumäther und andere Fettlösungsmittel (Alkohol, Benzol, Tetrachlorkohlenstoff, Dichloräthylen, Chloroform u. ä.).

Phloroglucin. 1 g in 80 ccm Alkohol zu lösen. In Verbindung mit starker Salzsäure ausgezeichnetes Reagens auf verholzte Zellwände. (Rotviolettfärbung.)

Pikrokarmin S (Grübler & Co., Leipzig). 2 g reine Karminsäure werden in Wasser gelöst und im Überschuß mit Ammoniak versetzt. Es erfolgt hierbei ein Umschlag der hellroten Farbe in Blaurot. Diese Lösung wird so lange gekocht,

bis der Geruch nach Ammoniak verschwunden ist. Dann sind etwa 15 ccm einer
3%igen Pikrinsäurelösung hinzuzugeben, die vorher ebenfalls mit Ammoniak
bis zur ungefähren Neutralisation versetzt wurde. Die erhaltene Mischung wird
mit verdünnter Salzsäure angesäuert und mit Wasser auf 100 ccm aufgefüllt.
Die tierischen Fasern (entbastete Seide, Wolle, Tussah usw.) färben sich durch das
im Farbgemisch enthaltene Pikrat gelb, während die pflanzlichen Fasern (Baumwolle, Flachs, Hanf, Jute usw.) und die Zelluloseprodukte (Kupfer-, Viskose-
und Nitratseide) durch den Karminfarbstoff mehr oder weniger stark rot gefärbt
werden. Rohseide wird mit diesem Reagens tiefbraunrot, Azetatseide grüngelb
gefärbt.

Rosanilin, ammoniakalisch. Gruppenreagens für tierische und pflanzliche
Fasern. Erstere erscheinen rot (Wolle mehr als Seide), letztere bleiben ungefärbt.
Die farblose Rosanilinlösung wird erhalten, indem man zu einer kochenden
Fuchsinlösung tropfenweise bis zur Entfärbung Kali- oder Natronlauge zusetzt
und dann filtriert. Luftdicht aufzubewahren!

Rutheniumrot. Verdünnte wäßrige Lösungen zur Pektinfärbung (Mangin).
Nach A. Herzog ist Rutheniumrot in Verbindung mit Kupferoxydmamoniak
ein ausgezeichnetes Mittel, um die geringsten Spuren der Kutikula der Baumwolle
und der protoplasmatischen Reste im Innern von Pflanzenfasern nachzuweisen.

Safranin. Nach dem Ausfärben in neutraler warmer Lösung und darauf-
folgendem Auswaschen erscheinen unter dem Mikroskop: Seide, Wolle und
Jute dunkelrosa, Baumwolle blaßviolett, Flachs und Hanf gelbrot gefärbt
(Behrens).

Salpetersäure.

Salzsäure, verdünnte, zum Ausziehen und zur Reduktion von Farbstoffen
verwendet. Konzentrierte Salzsäure löst echte Seide beim Erwärmen rasch
auf, während Kunstseide ungelöst bleibt.

Schuhlack, englischer, Einbettungsmittel für Fasern zwecks Herstellung
von Dünnschnitten.

Schulzesches Mazerationsgemisch. Zur Isolierung der in Bündeln
stehenden Elementarfasern. Die Fasern werden in Salpetersäure, welcher etwas
chlorsaures Kalium zugesetzt wird, erhitzt und hierauf gut gewaschen. Reagens
zerstört die Ligninsubstanzen, greift aber auch die Zellulose kräftig an.

Schwefelsäure. Nach Vétillard: Unter steter Abkühlung werden gemischt 1 Vol. dest. Wasser, 2 Vol. Glyzerin und 3 Vol. konz. engl. Schwefelsäure. In Verbindung mit Jodlösung ausgezeichnetes Zellulosereagens. Reine
Zellulose wird blau, verholzte Membranen werden gelb gefärbt. Konzentrierte
Schwefelsäure dient unter anderem zur Ausführung der sogenannten Schwefel-
säureprobe auf Halbleinen und wird ferner nach P. Marschner zur Unterscheidung von Kupfer- und Viskoseseide verwendet. Für den letztgenannten Zweck
werden 0,2 g des zu untersuchenden Kunstseidefadens in ein Reagensglas gebracht und mit 10 ccm reiner konz. Schwefelsäure übergossen. Kupferseide
nimmt sofort beim Übergießen mit Säure einen deutlich gelben Farbton an, der
nach 40—60 Minuten, wenn die Probe gelöst ist, gelblich-bräunlich geworden
ist. Viskoseseide wird sofort rötlichbraun, nach 40—60 Minuten rotbraun.
Die Viskoseseide ist dann auch ganz gelöst. Die Farbunterschiede verwischen
sich sehr stark, wenn das Verhältnis der Probe zur Flüssigkeit nicht genau eingehalten wird. Auch zur Ausführung der Diphenylamin-Schwefelsäurereaktion
wird konzentrierte Schwefelsäure benötigt. Stets gut verschlossen aufzubewahren!

Schweizersches Reagens. Siehe „Kupferoxydammoniak".

Tetrachlorkohlenstoff. Wie Petroleumäther, Schwefelkohlenstoff u. a.
als Extraktionsmittel verwendet.

Thymol. Siehe „Naphthol".

Verholzungsreagenzien. Anilinsulfat, Carbazol, Chlorzinkjod, Indol,
Kaliumpermanganat, Naphthol, Orzin, Phenol, Phloroglucin, Thallinsulfat,
Thymol, Toluylendiamin u. a.

Viktoriablau B, nach Sieber zur Unterscheidung von rohen und gebleichten Pflanzenfasern geeignet. Ausfärben der zu untersuchenden, gut zerfaserten
Probe während etwa ½ bis 1 Min. in einer 3 $^0/_{00}$ kochenden Farbflotte. Wiederholtes Nachwaschen mit destilliertem Wasser, dann Trocknen. Rohe Baum-

wolle ist nach dieser Behandlung tief dunkelblau, gebleichte dagegen ganz hell gefärbt.

Wasser, destilliertes. Zum Herstellen der Reagenzien zu verwenden.

Xylol. Zur Lösung des Paraffins in Schnittpräparaten und zur Bestimmung der Dichte von Gespinstfasern.

Zartsche Lösung. Vom Reichsausschuß für Lieferbedingungen (RAL) als Standardreagens für die Unterscheidung von Kupfer- und Viskoseseide vorgeschlagen. 15 ccm Pelikantinte Nr. 4001 von Günther Wagner, 20 ccm einer 5%igen Lösung von Eosin extra (I. G. Farbenind.) und 65 ccm dest. Wasser werden gemischt und in diesem Bad die zu untersuchenden Proben 5 Min. bei normaler Temperatur ausgefärbt. Nach dem gründlichen Spülen erscheint die Kupferseide tiefblau, die Viskoseseide rot gefärbt.

Zelloidin, wie Paraffin, Glyzeringummi, Glyzeringelatine u. ä. zum Einbetten bzw. Umhüllen von Fasern zwecks Herstellung von Dünnschnitten verwendet.

Zinkchlorid, in basischer Lösung zur Trennung von echter Seide in Mischgespinsten und -geweben.

Zinnchlorür. Dient zur Nachbehandlung von durch verdünnte Salpetersäure entfärbten Fasern (Reduktion von Nitroverbindungen).

Zitronenöl. In Zitronenöl oder Rizinusöl eingebettete Azetatseide ist nahezu unsichtbar, während Nitrat-, Kupfer- und Viskoseseide deutlich sichtbar bleiben.

Zyanin, alkoholisch, nach A. Herzog zur Unterscheidung von Flachs und Baumwolle auf makroskopischem Wege.

Zyanin-Glyzerin nach A. Herzog. Eine annähernd kaltgesättigte Lösung von Zyanin in Alkohol wird mit etwas Wasser verdünnt und dann mit $^1/_3$ ihres Volumens mit konzentriertem Glyzerin versetzt. Sie wird in der Regel heiß angewandt und dient zum Nachweis von zelligen Verunreinigungen der technischen Bastfasern, zur Unterscheidung von Flachs und Hanf, zur Feststellung des Verholzungs- und Bleichgrades von Zellstoff, zur Unterscheidung von Natron- und Sulfitzellstoff, zum Nachweis von Seidenleim und zur Sichtbarmachung von Verunreinigungen in Kunstseidenfasern.

3. Vergleich der gebräuchlichsten achromatischen Mikroskopobjektive der wichtigsten optischen Handelsfirmen.

	Dem Zeiß'schen Achromatobjektiv					
	1,2—2,4 ($a*$)	6 (aa)	8 (A)	20 (C)	40 (D)	90 (F)
	entspricht ungefähr das Achromatobjektiv					
Busch-Rathenow .	—	A_0	B_0	D	E	—
Leitz-Wetzlar. . .	1 a	2	3	4	6	9
Reichert-Wien . .	1 b	2	3	4	6 b	9
Seibert-Wetzlar. .	—	1	2	4	5	6
Winkel-Göttingen .	G	1	2	4 a	5	9

4. Größen- und Querschnittsverhältnisse der wichtigsten pflanzlichen Textilfasern.

(Nach A. Herzog.)

Lfde. Nr.		Einzelfaser Länge in mm	Breite in μ	Dicke in μ	Gesamtquerschnittsfläche der Einzelfaser in $q\mu$	Von der Gesamtquerschnittsfläche der Einzelfaser entfallen Prozent auf: Wand	Lumen	Metrische Nummer der Einzelfaser
	I. Pflanzenhaare							
1	Indische Baumwolle, Sindh. . .	20	22	—	169	92,7	7,3	4 275
2	„ „ Omrah. . .	20	23	—	187	93,7	6,3	3 835
3	Amerikanische „ Sea Island .	42	24	—	163	97,3	2,7	4 221
4	„ „ Upland . .	28	24	—	171	97,0	3,0	4 043
5	Afrikanische „ Togo . . .	24	25	—	165	96,4	3,6	4 221
6	Ägyptische „ Mitafi . .	39	24	—	105	96,9	3,1	6 580
7	Mazedonische „	18	30	—	347	97,7	2,3	1 980
8	Chinesische „	20	28	—	286	96,4	3,6	2 432
9	Pflanzenseide von Asclepias Cornutii . .	25	28	28	311	30,9	69,1	6·944
10	„ von Calotropis procera .	40	24	24	445	21,9	75,1	6 000
11	Pflanzendune von Eriodendron anfractuosum	35	20	20	306	18,6	81,4	11 700
12	Samenhaare von Salix pentandra . .	2	11	11	84	48,8	51,2	16 221
	II. Dicotyle Bastfasern							
13	Flachs, Linum usitatissimum L. — Sorauer, blühreif ⎫ Stengelmitte	—	—	—	—	66,5	33,5	—
14	„ grünreif	—	—	—	—	95,0	5,0	—
15	„ gelbreif	—	—	—	—	98,7	1,3	—
16	„ vollreif ⎭	—	—	—	—	98,7	1,3	—
17	Schlesischer 1 cm unter	⎱10	außerordentlich					1 480
18	„ 0 „ „		schwankend					1 750
19	„ 0—10 „ über	⎱25	40	24	450	79,0	21,0	1 870
20	„ 10—20 „ „		33	27	386	86,5	13,5	2 000
21	„ 20—30 „ „ den Ansatzstellen der Keimblätter		25	18	227	98,5	1,5	2 980
22	„ 30—40 „ „	⎱32	21	17	184	98,7	1,3	3 660
23	„ 40—50 „ „		20	17	172	98,6	1,4	3 920
24	„ 50—60 „ „	⎱38	19	17	173	97,3	2,7	3 970
25	„ 60—70 „ „		18	15	141	94,6	5,4	5 000
26	„ 70—80 „ „	—	14	10	75	92,0	8,0	9 660
27	Russischer, Steppenlein	20	28	19	300	90,1	9,9	2 469
28	Hanf, badischer, Cannabis sativa . .	25	25	18	297	95,9	4,1	2 370
29	Brennessel, Urtica dioica L.	30	40	15	573	96,7	3,3	1 204
30	Ramie, Boehmeria nivea Hook et Arn.	140	55	30	815	95,8	4,2	848
31	Jute, Corchorus capsularis	3	20	—	161	89,0	11,0	4 857
32	Chinajute, Abutilon avicennae . . .	2	18	16	171	87,4	12,6	4 464
33	Ginster, Sarothamnus scoparius W. — Bastrippe, äußerer Teil	—	17	16	93	99,2	0,8	7 180
34	„ innerer „	—	24	18	161	99,1	0,9	4 140
35	primärer Bast	2	26	21	208	97,5	2,5	3 210
36	sekundärer Bast	—	17	10	72	90,6	9,4	9 270
37	Steinklee, Melilotus albus Desr. . . .	10	22	15	389	83,2	16,8	2 060
38	Rotklee, Trifolium pratense L.	5	14	—	—	—	—	—
39	Bohne, Phaseolus vulgaris L.	5	19	—	—	—	—	—
40	Lupine, Lupinus luteus Lindl.	5	40	—	—	—	—	—
41	„ „ polyphyllos Lindl. . .	4	33	—	—	—	—	—

Tabelle 4 (Fortsetzung).

Lfde. Nr.		Einzelfaser			Gesamtquer-schnittsfläche der Einzelfaser in qμ	Von der Gesamt-querschnittsflä-che der Einzel-faser entfallen Prozent auf:		Metrische Nummer der Einzelfaser
		Länge in mm	Breite in μ	Dicke in μ		Wand	Lumen	
42	Malve, Malva crispa L.	Bastfasern der Wurzel	—	—	90	72,9	27,1	10 209
43		„ 20 cm oberhalb der Keimblätter primäre	—	—	312	72,8	27,2	2 939
44		„ 20 „ sekundäre	1 —	—	171	78,4	21,6	4 987
45		„ 120 „ primäre	20	20	212	83,4	16,6	3 769
46		„ 120 „ sekundäre	20	12	117	56,0	44,0	10 178
47		„ aus den Blattstielen	—	—	225	63,5	36,5	4 685
48	Linde, Tilia parvifolia Erh.		2	15	15	—	—	—	—
49	Kartoffel, Solanum tuberosum L. . .		16	32	—	531	64,2	35,8	1 954
50	Holunder, Sambucus nigra L.		—	24	20	204	86,7	13,3	3 767
51	Weide, Salix alba, prim. Bastfasern .		2	18	10	122	99,2	0,8	5 522
52	„ „ „ sekund. „ .		—	12	8	69	96,2	3,8	10 086
53	Dotter, Camelia sativa		—	12	10	201	85,1	14,9	5 605
54	Königskerze, Verbascum thapsif. . . .		—	38	15	397	86,4	13,6	1 943
55	Goldstaub, Solidago Virgo aurea . .		—	14	10	123	96,1	3,9	5 645
	III. Monocotyle Sklerenchym-fasern							
56	Aloëhanf, Aloë perfoliata Thbg. . . .		3	20	—	160	73,6	26,4	5 435
57	Sisal, Agave americ. var. sisalana. . .		3	25	—	122	90,9	9,1	5 848
58	Manila, Musa textilis L. N.		2	25	—	131	87,3	12,7	3 115
59	Neuseel. Flachs, Phormium tenax L.		4	15	—	71	92,4	7,6	9 901
60	Kokos, Cocos nucifera L.		1	16	—	168	76,8	23,2	4 717
61	Ananas, Ananas sativa L.		5	8	—	20	90,0	10,0	36 364
62	Schilfrohr, Phragmites communis L. .		1	9	—	129	38,0	62,0	13 654
63	Teichsimse, Scirpus lacustris L.	einfache Baststränge	9	—	39	92,8	7,2	18 365
64		Bastbelag d. Gefäßb., Rand	2	7	—	26	89,9	10,1	2 8985
65		„ d. Gefäßb., Mitte	7	—	24	92,8	7,2	30 303
66		„ d. kleinst. Gefäßb.	5	—	13	91,7	8,3	55 096

5. Feinheitsklassifikation der Wolle nach der Haardicke nebst Festigkeits- und Bruchdehnungsmittelwerten für die einzelnen Klassen.

(Nach Angaben von E. Müller, Marschik, Heyne, Spöttel, Pinagel, Plail, Kronacher u. a.)

		Güte-klasse	Alte Qualitäts-bezeichnung	Mikronnummer = Mikrondicke = Haardicke in μ		metr. Faserfein-heits-nummer	Bruchfestigkeit des Einzel-haares g	Bruchdehnung des Einzel-haares %
feine Wolle	feine Merino	5 A 4 A 3 A 2 A	} Super- Super- } Elekta Superelekta Elekta	17 und weniger 17—19 19—20 20—22	15—22	2000—4280	5,3 5,4 8,2 9,4	29,4 34,3 36,7 37,7
	Merino	A_1 A_2 } A	Prima	22—24 24—26	22—26	1430—2000	10,7	36,2
	veredelte Landwolle	B_1 B_2 } B	Sekunda	26—28 28—30	26—30	1070—1430	13,8	37,0
mittelfeine Wolle	feine Landwolle	C_1 C_2 C_3 } C	Tertia	30—32 32—34 34—37	30—37	700—1070	19,4	40,4
	mittlere Landwolle	D_1 D_2 D_3 } D	Quarta	37—42 42—45 45—49	37—49	400—700	30,9	51,4
grobe Wolle	ordinäre Landwolle	E F	Quinta Sexta	49—60 üb. 60	49—60	270—400	40,5 54,3	48,4 52,0

6. Stengelzusammensetzung und Fasergehalte verschiedener Pflanzen.

(Nach A. Herzog.)

Faserpflanze	Stengeldicke in mm	Von der Gesamtquerschnittsfläche des Stengels entfallen Prozent auf:				Gesamtbastfasern in Prozent der Stengeltrockensubstanz
		Rinde	Holz	Mark	innerer Hohlraum	
Flachs (schlesischer), Linum usitatissimum L. 3 cm unter den Ansatzstellen der Keimblätter	1,30	18,9	80,8	0,3	0	} 0,5
1 „ „	1,61	21,1	78,7	0,2	0	
0 „ „	2,14	25,2	62,9	11,9	0	
0—10 „ über	1,62	23,7	54,4	12,1	9,8	17,7
10—20 „ „	1,64	20,3	45,7	12,0	22,0	25,5
20—30 „ „	1,32	20,3	35,9	13,9	29,9	27,4
30—40 „ „	1,08	24,2	34,9	16,5	24,4	27,6
40—50 „ „	0,98	25,7	32,2	28,1	14,0	27,2
50—60 „ „	0,96	25,1	35,4	27,2	12,3	23,8
60—70 „ „	0,77	32,5	38,3	22,7	6,5	19,0
70—80 „ „	0,58	44,7	34,9	20,4	0	15,0
Hanf, ital., im Oderbruch gewachsen, Cannabis sativa L. 2 cm über den Ansatzstellen der Keimblätter	—	25,7	73,6	0,6	0,1	} 23,2
30 „ „	—	17,7	63,6	11,1	7,6	
90 „ „	—	22,8	44,5	22,3	10,4	
160 „ „	—	43,1	29,7	27,2	0	
Brennessel, Urtica dioica L. . . .	—	—	—	—	—	5,9
Ramie, Boehmeria nivea	—	—	—	—	—	20,3
Jute, Corchorus capsularis	—	—	—	—	—	27,5
Hopfen, wilder, Humulus lupulus L.	5,74	29,5	16,9	12,8	40,8	7,1
Hopfen, kultivierter, Humulus lupulus L.	5,60	36,6	49,6	10,0	3,8	7,2
Malve, Malva crispa L., Wurzel . .	14,40	53,3	46,7	0	0	16,9
20 cm über den Keimblättern .	18,10	30,1	34,1	25,0	10,8	8,1
120 „ „ „ „ .	12,90	30,9	33,7	24,2	11,2	8,2
245 „ „ „ „ .	2,53	41,9	9,2	48,9	0	8,0
Ginster, Sarothamnus scoparius W.	5,84	32,1	66,8	1,1	0	18,9
Weide, Salix alba L.	4,06	35,4	52,8	11,8	0	14,2
Kartoffel, Solanum tuberosum L. .	7,70	21,8	14,0	44,8	19,4	3,1
Holunder, Sambucus nigra L.. . .	5,15	15,1	31,1	53,8	0	5,1
Leindotter, Camelia dentata L. . .	2,60	17,4	67,6	15,0	0	5,0
Königskerze, Verbascum thapsif. . .	5,15	23,7	30,7	45,6	0	4,2
Goldstaub, Solidago Virgo aurea .	4,36	17,1	35,8	47,1	0	5,8
Lupine, Lupinus luteus L.	—	—	—	—	—	7,1
Weidenröschen, Epilobium hirsutum L..	—	—	—	—	—	5,5

Wo nicht anders angegeben, beziehen sich die vorstehenden Angaben auf den der halben Stengelhöhe entsprechenden Querschnitt.

7. Methylzahlen bzw. Ligningehalte (Verholzungsgrad) verschiedener Faserstoffe.

(Nach A. Herzog.)

Faserstoff, ungebleicht	Methyl-zahl	% Lignin [1]
	bezogen auf die Trockensubstanz	
Baumwolle	0,0	0,0
Bombaxwolle (Kapok)	6,9	13,0
Calotropiswolle (Akon, Pflanzenseide)	8,2	15,5
Rohrkolbenwolle	9,6	18,1
Hanf, italienischer	2,8	5,3
„ , polnischer	2,9	5,5
Flachs, böhmischer, a) grünreif ⎫ aus der	0,3	0,6
„ , „ , b) gelbreif ⎬ Stengel-	1,0	1,9
„ , „ , c) vollreif ⎭ mitte	2,2	4,2
„ , russischer, a) Wurzel	1,7	3,2
„ , „ , b) Stengelmitte	1,3	2,5
„ , „ , c) Oberer Stengelteil	0,9	1,7
„ , „ , Steppenlein (Samenflachs)	2,7	5,1
Jute	21,3	40,3
Ramie	0,8	1,5
Weide	8,9	16,8
Ginster	2,8	5,3
Sunnhanf	3,1	5,9
Papiermaulbeer	2,5	4,7
Leindotter	10,3	19,5
Maisfaser	2,3	4,3
Schilfrohr	10,9	20,6
Papyrus (techn. Faser)	7,8	14,7
Torfwolle	15,1	28,5
Aloë (Domingohanf)	9,1	17,2
Yucca	11,3	21,4
Sanseviera	10,4	19,7
Sisal	8,5	16,1
Mauritiushanf	9,3	17,6
Manila	15,9	30,1
Neuseelandflachs	8,5	16,1
Cocos	22,0	41,6
Tillandsia	11,2	21,2

[1] Nach Benedikt und Bamberger entspricht reinem Lignin die Methylzahl 52,9.

8. Aschengehalte verschiedener Fasern, bezogen auf die Trockensubstanz.

Faserstoff	Aschengehalt in %	Autor
Baumwolle	0,1—0,3	Church, H. Müller
„	1,0	Ure
„ Sea Island	1,3	
Baumwolle, mittelamerikanisch . . .	1,5	
„ , indisch	2,5	Davis, Dreyfuß u. Holland
„ , ägyptisch, braun	1,7	
„ , „ , weiß	1,2	
„ (Mittelwert)	1,0	Bowman
„ , Sea Island	1,3	U. S. A. Agric. Bulletin
„ , mittelamerik. Upland . .	1,4	Nr. 33
Kapok, roh	3,6	Church, H. Müller
Flachs	0,7—1,3	Church, H. Müller
„ (Mittelwert für Reinasche) . .	1,1	A. Herzog
Hanf	0,8	Church, H. Müller
Jute	0,7	Church, H. Müller
„	0,9—1,8	Wiesner
„ , mindere Sorte (Wurzelende) . .	2,6	Sommer
„ , „ „ (Kopfende) . .	1,9	„
Sunnhanf	1,0	Wiesner
Gambohanf	2,5	„
„	0,7—1,3	Iterson
Ginsterfaser	1,6	A. Herzog
Ramie	2,9	Church, H. Müller
„	1,7—1,9	Wiesner
Lindenbast	1,9	„
Manilahanf	1,0	Church, H. Müller
„ , grobe Sorte	1,2	Semler
„ , feine Sorte	0,7	„
Neuseelandflachs	0,6	Church, H. Müller
Aloëhanf	1,3	Wiesner
Kokosfaser	1,5	„
Wolle, roh, ungewaschen	0,1—3,3	Donath u. Margosches
Gerberwolle	3,5 u. mehr	Heermann
Echte Seide	1,1	Richardson
Kunstseide, Viskose-	0,3—0,4	
„ , Kupfer-	0,2—1,5	Reinthaler
„ , Nitrat-	0,2—2,2	

9. Makroskopische Vorprüfung der tierischen, pflanzlichen, mineralischen und künstlichen Fasern.

	Faserstoffgruppe		Verhalten beim Anzünden	Reaktion der Gase bei der trockenen Destillation [1]	Verhalten bei der Mikro-destillation[2]	Reaktion mit		
						α-Naphtol und Schwefelsäure	heißem Natrium-plumbat [3]	warmer 40%iger Kalilauge
I	Tierische Fasern	Wollen und Haare	langsam verbren-nend, schmelzend; Ende blasig-kohlig (koksartig)	basisch	schmelzend, stark blasig, braun	gelb bis rötlichbraun	schwarzbraun	gelöst
		Seiden					ungefärbt	
II		Pflanzenfasern	rasch verbrennend; Rückstand: Asche	sauer	kohlig, aber nicht schmel-zend und nicht blasig	tiefviolett (Zellulose-reaktion)	ungefärbt	nicht gelöst
III	Künstliche Fasern	Nitrat-, Kupfer- und Viskoseseide	dgl., jedoch sehr wenig Asche					
		Azetatseide	wie bei tierischen Fasern		wie bei tieri-schen Fasern			
IV		Mineralische Fasern	nicht brennend, höchstens schmelzend	—	—	—	—	—

[1] Im Probeglase trocken erhitzen, oben feuchtes Lackmuspapier zwischen Watte einhängen.

[2] Trockene Fasern zwischen Objektträger und Deckglas (besser zwischen zwei Glimmerplatten) erhitzen und nach dem Er-kalten unter einer starken Lupe betrachten.

[3] Bleiazetat in heißer Natronlauge gelöst (s. „Reagentien").

10. Mikrochemische Vorprüfung der wichtigsten Textilfasern.

	Chlorzinkjod	Phloroglucin + Salzsäure	Kupferoxyd-ammoniak
Baumwolle	rotviolett	keine Reaktion	gelöst
Kapok	gelb	violettrot	nicht gelöst
Akon			
Flachs	rotviolett	keine Reaktion	
Hanf (Cannabis)	schmutzig rot-violett, stellen-weise grünlich	schwach violettrot	
Brennessel	rotviolett	keine Reaktion	größtenteils gelöst
Ramie			
Hopfen	schmutzig rotviolett	schwach violettrot	
Sunnhanf			
Ginster		keine Reaktion	
Weide	gelb bis gelbbraun	violettrot	ungelöst
Jute			
Neuseelandflachs, Aloë- und Agaven-hanf, Yucca, Ma-nila, Typha			
Schafwolle und andere Tierhaare	gelb		
Echte Seide		keine Reaktion	
Kunstseide, Nitrat- Viskose- Kupfer-	rotviolett		gelöst
Azetat-	gelb (teilweises Zer-fließen der Faser)		ungelöst

11. Bestimmungsschlüssel für die am häufigsten vorkommenden Textilfasern.

(Nach A. Herzog.)

1 a) Chlorzinkjod färbt rotviolett (höchstens stellenweise schmutziggrün-lich) . . . . siehe 2

  b) Chlorzinkjod färbt gelb bis gelbbraun . . . . siehe 8

2 a) Einzelfasern mit knotigen Anschwellungen (Verschiebungen) und zahl-reichen Quer- und Schrägrissen der Zellwand (besonders gut zwischen gekreuzten Nicols sichtbar) . . . . siehe 3

  b) Nicht so . . . . siehe 5

3 a)   Faserbreite stark wechselnd; einzelne Fasern sehr breit (etwa $60\,\mu$ und darüber), bandartig, stellenweise gefaltet oder um die Längsachse gedreht, mit auffallend groben Längsrissen . Ramie (und andere Nesselfasern)

   b)   Nicht so . . . . siehe 4

4 a)   Beim Befeuchten der vertikal freihängenden technischen Faser Aufdrehungsrichtung unbestimmt, meist rechtsläufig und gering. Kuoxam bewirkt starke Querfaltung (Mittellamelle), Zellwand gelöst. Leitelemente: kleine, wenig gestreckte Oberhautzellen des Stengels mit wenig Spaltöffnungen, narbige Haare, braune Sekretschläuche und Kalziumoxalatkristalle in farblosen Rindenzellen . . . . Hanf

   b)   Beim Befeuchten der vertikal freihängenden technischen Faser zahlreiche schnelle Linksdrehungen, dann nach kurzer Zeit 6—10 ziemlich schnelle Rechtsdrehungen. Kuoxam löst die Zellwand; der ungelöst zurückbleibende Protoplasmafaden des Zellinnern stark gewellt. Leitelemente: langgestreckte Oberhautzellen mit zahlreichen Spaltöffnungen. Haare, Sekretschläuche und Kalziumoxalatkristalle fehlen . . Flachs

5 a)   Einzelfasern bandartig, gekräuselt, gedreht, gefaltet; Drehungssinn wechselnd; Seitenränder wulstig erscheinend. Kuoxam löst die Zellwand; Rückstände: Kutikularringe und -fetzen (nur bei ungebleichten Fasern klar zu sehen), Inhaltsbestandteile. Charakteristisches Verhalten zwischen gekreuzten Nicols und einer unter $+\,45^0$ eingestellten Gipsplatte Rot I in den Orthogonalstellungen (Wechsel im Charakter der Interferenzfarben bei ein und derselben Faser). Nach Färbung mit Dianilblau erscheint ein und dieselbe Faser zwischen gekreuzten Nicols bald blau, bald weiß
Baumwolle

   b)   Fasern straff, Kuoxam löst völlig; Spezifische Doppelbrechung stark, jedoch wenig charakteristisch . . . . siehe 6

6   Einzelfasern von verschiedener Querschnittsform und Feinheit.
   a)   Diphenylamin und konzentrierte Schwefelsäure färben blau bis blauschwarz . . . . Nitratseide

   b)   Keine Blaufärbung . . . . siehe 7

7 a)   Im Ultramikroskop lichtschwache Netzstruktur (Maschen etwas längsgestreckt), daneben zahlreiche stark leuchtende, unregelmäßig verteilte Partikelchen, Günther-Wagner-Tinte und Eosin extra (I. G. Farbenind.) färben rosa . . . . Viskoseseide (fein- und grobfädig)

   b)   Im Ultramikroskop lichtstarke reine Netzstruktur (Maschen quergestreckt) mit wenig leuchtenden Teilchen. Günther-Wagner-Tinte und Eosin extra (I. G. Farbenind.) färben blau . Kupferseide (feinfädig)

8 a)   Beim Ansengen schmelzend, angebrannte Enden blasigkohlig[1] . siehe 9
   b)   Beim Ansengen rasch verbrennend unter Hinterlassung von ziemlich kohlefreier Asche. Verbrennungsgase reagieren sauer. Mit Phlorogluzin und Salzsäure starke Rotviolettfärbung. Einzelfasern in Bündel stehend. Die Breite des Faserlumens wechselt selbst bei ein und derselben Faser sehr stark . . . . Jute (und andere ähnliche Fasern
wie: Urena, Gambohanf usw.)

9 a)   Verbrennungsgase reagieren sauer. Faser löslich in Azeton, Chloralhydrat, Essigsäure usw., unlöslich in Kuoxam. Faserquerschnitte in der Regel stark gelappt. Spezifische Doppelbrechung schwach . Azetatseide
   b)   Verbrennungsgase reagieren alkalisch. Faser unlöslich in Azeton, Chloralhydrat und in Essigsäure . . . . siehe 10

---

[1] Stark erschwerte echte Seide hinterläßt kohlige Asche, ohne vorher zu schmelzen.

10 a)　Sehr feine Fasern ohne auffallende Struktureigentümlichkeiten. Kuoxam löst (bei Rohseide bleibt der Seidenleim ungelöst zurück). Spezifische Doppelbrechung stark . . . . Echte Seide

　b)　Fasern von verschiedenem Feinheitsgrade. Querschnittsform kreisförmig bis ausgesprochen oval; Oberfläche deutlich geschuppt. Im Innern häufig Markzellen vorhanden. Kuoxam löst nicht. Glyzerinschwefelsäure bewirkt völligen Zerfall der Fasern. Spezifische Doppelbrechung schwach . . . . Schafwolle (und andere tierische Fasern)

12. Unterscheidung von ungebleichtem Flachs und Hanf.

Reaktion		Zu beachten:	Flachs	Hanf
Längsansicht	der Fasern in Chlorzinkjod	Enden	vorwiegend scharf spitz, daneben aber auch abgerundet (für Unterscheidungszwecke kaum brauchbar)	abgerundet, zum Teil gegabelt (für Hanf nur dann beweisend, wenn fast alle Fasern abgerundete Enden zeigen)
		Wandung	rotviolett; Lumen scharf abgesetzt	schmutzig rotviolett, auch grünlich; Lumen häufig undeutlich begrenzt
		Inhaltsreste	gelb, fadenförmig, fast in jeder Faser vorhanden	gelb, meist körnig oder brockig, selten
Querschnitt		Wandung	rotviolett, nur einzelne Fasern gelb umrandet oder ganz gelb; manchmal gelbe Knoten in den Kantenecken	rotviolett, alle Fasern deutlich gelb umrandet
		Inhaltsreste	gelb, meist als Punkt im Faserinnern sichtbar, bei gröberen Fasern das Lumen nur zum Teil ausfüllend	gelb, meist körnig oder brockig, selten
Fasern nach dem Aufkochen in Zyanin-Glyzerin (A. Herzog), Betrachtung in konz. Glyzerin		Wandung	ungefärbt	primäre Wand blau, sekundäre Verdickungsschichten nahezu farblos
		Mittellamelle	sehr zart, blau	blau, jedoch nur selten für sich wahrzunehmen, da von der Blaufärbung der primären Wand gedeckt
		Inhaltsreste	fadenförmig, blau	brockig bis körnig, blau
		Parenchym	blau	blau
		Oberhautreste	häutig, intensiv blau	spröde, ungleichmäßig viol-blau

Tabelle 12 (Fortsetzung.

Reaktion	Zu beachten:	Flachs	Hanf
Fasern in Kupferoxydammoniak	Im allgemeinen	rasche Quellung und Lösung, wenig Rückstände	langsame Quellung und Lösung, viel Rückstände
	Inhaltsreste	die meisten Fasern zeigen im Innern einen feinen, gewellten Plasmafaden	nur wenig Fasern zeigen Plasmareste in körniger oder schuppiger Form
	Mittellamelle	wenig auffallende Reste	höchst charakteristische Reste in Form von zahlreichen Querfalten an der Oberfläche der Fasern
	Schichtung	zu Beginn der Quellung sehr deutlich, später wenig sichtbar	gröber wie beim Flachse, äußere Schicht häufig zum Teil abgetrennt; Innenschlauch gut sichtbar
	Streifung (äußere)	an den meisten Fasern gut sichtbar (linksläuf. Spirale), häufig Spalten u. Ablösung in Form spiraliger Bänder	schwer nachzuweisen und dann rechtsläufig
	Verschlußstellen und Plasmaknot.	an einzelnen Fasern stets mit Sicherheit nachzuweisen	fehlen
Fasern in Chromsäure	Wandung	wenig geschichtet; rasch gelöst	stark geschichtet, plastisches Hervortreten des Innenhäutchens als gerade Röhre; langsam gelöst
	Inhaltsreste	wie bei Kupferoxydammoniak	wie bei Kupferoxydammoniak
Staub beim Reiben der Fasern: Leitelemente (natürliche Verunreinigungen)	Oberhaut — Zellen	langgestreckt, meist gut erhalten	kurz, dazwischen große Haarnarben
	Oberhaut — Spaltöffnungen	in großer Zahl vorhanden, mit je 4 Nebenzellen	fast fehlend, mit je 2 Nebenzellen
	Oberhaut — Haare	fehlen	stets vorhanden, an der Oberfläche feinwarzig
	Sekretschläuche mit rotbraunem Inhalt	fehlen	häufig in großer Menge vorhanden (Bruchstücke)
	Rindenparenchym	kristallfrei	kristallführend (Drusen von Kalziumoxalat)
	Holzgefäße	beiderseits offen, eng, von den Holzfasern in der Weite kaum verschieden. Hoftüpfeldurchmesser etwa $2\,\mu$	beiderseits offen, weit, von den Holzfasern in der Weite auffallend verschied. Hoftüpfeldurchmesser etwa $5\,\mu$
Verhalten der Faser beim Befeuchten mit Wasser (makroskopische Probe)		stark linksdrehend	Drehungsrichtung wechselnd, aber immer nur schwach
Verhalten zwischen gekreuzten Nicols (nur die Orthogonalstellungen der Faser kommen hier in Betracht)		$0°$ ... Additionsfarben (Konsekutivstellung) $90°$ ... Subtraktionsfarben (Alternativstellung)	$0°$ ... Subtraktionsfarben (Alternativstellung) $90°$ ... Additionsfarben (Konsekutivstellung)

13. Physikalisches Verhalten der Seiden.

		Querschnittsform der Einzelfaser	Aussehen der künstlichen Rißenden	Quellung in Wasser	Zugfestigkeit in kg für den mm² (rund)	Mittleres spezifisches Gewicht in g pro cm³	Mittlere Lichtbrechung (n_D)	Doppelbrechung im allgemeinen	Doppelbrechung spezifische	Doppelbrechung vorherrschende Interferenzfarbe zwischen gekreuzten Nicols	Doppelbrechung Pleochroismus (Kongorot)	Ultramikroskopisches Verhalten Lichtstärke	Ultramikroskopisches Verhalten Art der Struktur	Anmerkung
1	Echte Seide	rundlich	fast gar nicht zerfas.	schwach (unter 20%)	40	1,37	1,57	sehr stark	+0,057	Weiß I bis Indigo II	fehlt	—	schwache Parallelstruktur	—
2	Wilde Seide	schmal dreieckig	häufig stark zerschlitzt	,,	—	—	—	,,	—	dgl. jedoch stark wechselnd	,,	+	sehr auffallende Parallelstruktur	braune Naturfärbung
3	Muschelseide	elliptisch bis zweieckig	glatt	,,	—	—	—	schwach	—	—	,,	—	wie bei 1	braune bis olivgrüne Naturfärbung
4	Spinnenseide	rund	,,	stark (etwa 40%)	38	1,28	1,56	sehr stark	+0,039	Weiß I bis Gelb I	,,	—	,,	—
5	Nitratseide	unregelmäß. z.T. gelappt	gezackt	stark (über 30%)	20	1,52	1,53	stark	+0,031	Farben 1. u. 2. Ordnung, parallel abgesetzt	stark	±	Netzstruktur, Maschen längsgestreckt	—
6	Kupferseide	rund	,,	,,	20 bis 26	1,52	1,54	,,	+0,021	Weiß I bis Gelbbraun I	,,	+	Netzstruktur, Maschen quergestreckt	—
7	Viskoseseide	teils rund, teils unregelmäßig und gelappt	,,	,,	19—22	1,52	1,54	,,	+0,025	wie bei 5 oder 6 (je nach der Querschnittsform)	,,	±	wie bei 5	—
8	Azetatseide	,,	glatt oder gezackt	sehr schwach (unter 5%)	10—14	1,33²	1,48	schwach	+0,006	Grau I	fehlt	—	,,	—
9	Gelatineseide¹	kreisrund	glatt	sehr stark (über 80%)	6—7	1,36	1,54	außerord. schwach	+0,001	Dunkelgrau I	,,	—	optisch leer	—

[1] Nicht mehr im Handel.
[2] Für die handelsübliche azetonlösliche (sekundäre) Azetatseide; Triacetylseide (primär, chloroformlöslich) hat das spez. Gewicht 1,25 g/cm^3.

14. Chemisches Verhalten der Kunstseiden.

	Verhalten bei der Verbrennung			Chlorzinkjod	Kalte konzentrierte Schwefelsäure	Eisessig	Halbgesättigte Chromsäure	40 proz. Kalilauge (heiß)	Kupferoxydammoniak (kalt)	Nickeloxydammoniak	Alkalisches Kupferglyzerin	Diphenylamin und Schwefelsäure	Eosin extra und Günther Wagner-Tinte Nr.4001	Azeton
	Rückstand	Verbrennungsgase												
		Geruch	Reaktion gegen Lackmuspapier											
Nitratseide	sehr wenig Asche	wenig ausgeprägt (wie bei Baumwolle)	sauer	rotviolett	löst	kalt und warm ohne Einwirkung	kalt: allmähliche Lösung; warm: rasche Lösung	starke Quellung ohne Lösung	starke Quellung und langsame Lösung	Quellung, jedoch keine Längsstreifung	auch nach längerem Kochen ungelöst	intensiv blau	—	löst nicht
Kupferseide	dgl.	dgl.	dgl.	dgl.	etwas langsamer gelöst; anfangs deutliche Längsstreifung	dgl.	dgl.	dgl.	dgl.	starke Quellung ohne Lösung, manchmal Längsstreifung	dgl.	ohne charakterist. Färbung	blau (nur f. feinfädige Kupferseide gültig)	dgl.
Viskoseseide	dgl.	dgl.	dgl.	dgl.	rasch gelöst	dgl.	dgl.	dgl.	dgl.	wie bei Nitratseide	dgl.	dgl.	rosa	dgl.
Azetatseide	blasigkohlig	auffallend unangenehm, sauer	dgl.	gelb (teilweises Zerfließen d.Faser)	langsam gelöst	in der Kälte rasch gelöst	kalt und warm: starke Quellung ohne Lösung	mäßige Quellung ohne Lösung	starke Quellung ohne Lösung	kalt und warm: schwache Quellung ohne Lösung	dgl.	dgl.	—	löst
Gelatineseide [1])	dgl.	dgl. alkalisch	alkalisch	gelbbraun	sehr langsam gelöst	kalt: starke Querzerklüftung; nach längerem Kochen Lösung	in der Wärme rasch gelöst	rasch gelöst	blauviolett gefärbt, ungelöst	starke Kräuselung und Bräunung ohne Lösung	in der Wärme rasch gelöst	dgl.	—	löst nicht

---

[1]) Nicht mehr im Handel.

15. Schlüssel zur Bestimmung der natürlichen und künstlichen Seiden auf chemisch-physikalischem Wege.

(Nach A. Herzog.)

1 a) Beim Verbrennen Geruch nach angesengten Federn. Verbrennungsgase reagieren alkalisch. Mit α-Naphthol und Schwefelsäure keine Zellulosereaktion (lediglich gelb bis rötlichbraun gefärbt) . . . . . . siehe 2

 b) Beim Verbrennen kein auffallend unangenehmer Geruch. Verbrennungsgase reagieren sauer. Mit α-Naphthol und Schwefelsäure Zellulosereaktion (dunkelviolett gefärbt) . . . . siehe 3

2 a) Alkalisches Kupferglyzerin löst in der Hitze . . . . siehe 4

 b) Nicht so. Ungleichmäßig grobe, von Natur aus gelb bis gelbbraun gefärbte Fasern mit zarter Längsstreifung. Doppelbrechung sehr schwach
Muschelseide

3 a) Bei der Verbrennung blasig-kohliger Rückstand. Wesentlich schwächer lichtbrechend als Kanadabalsam, daher in diesem deutlich sichtbar. In Rizinusöl oder Zitronenöl nahezu unsichtbar. Doppelbrechung sehr schwach. Mit Kongorot gefärbt, kein Pleochroismus. In Wasser keine sichtbare Quellung. Chlorzinkjod färbt gelb. Azeton, Eisessig oder Chloralhydrat wirken lösend . . . . Azetatseide

 b) Nicht so . . . . siehe 7

4 a) Fasern sehr fein (durchschnittliche Breite unter 20 μ) . . . . siehe 5

 b) Fasern grob (durchschnittliche Breite über 20 μ), bandartig, stark fibrillös. Querschnitte keilartig zusammengedrückt . . Wilde Seide
(Tussah-, Yamamay-, Ailanthus-, Fagaraseide)

5 a) Glatte und strukturlose Fäden. Querschnitte rundlich, aber deutlich abgekantet . . . . siehe 6

 b) Bandartig flach, mäßig fibrillös mit quergestellten Lichtlinien (Stauchungsformen). Kupferoxydammoniak löst, vorher tritt Zerfall der Fasern an den Stauchungsstellen ein. Von Natur aus bräunlich bis braun gefärbt . . . . Nesterseide

6 a) In Wasser starke Quellung (besonders auffallend die Verkürzung in der Längsrichtung). In kalter Schwefelsäure (1:3) sehr deutliche Längsschrumpfung und deutliche Querfaltung. In Eisessig neben starker Längsschrumpfung auch Kräuselung, besonders in der Wärme. Stark doppelbrechend . . . . Spinnenseide

 b) In Wasser keine auffallende Quellung. Schwefelsäure ohne sichtbaren Einfluß, ebenso Eisessig. Im rohen Zustand 2 Einzelfäden in einer gemeinschaftlichen Grundmasse eingebettet. Im entbasteten Zustand nur Einzelfäden vorhanden. Sehr stark doppelbrechend . . . . Echte Seide

7 a) Mit Diphenylamin und Schwefelsäure starke Blaufärbung. Querschnitte in der Regel ungleichförmig sternartig. Polarisationsbild farbenprächtig (Interferenzfarben in zur Längsrichtung der Faser parallelen Streifen abgesetzt) . . . . Nitratseide

 b) Mit Diphenylamin keine Blaufärbung . . . . siehe 8

8 a) Mit Eosin extra und Günther-Wagner-Tinte Nr. 4001 Blaufärbung. Im Dunkelfeld stark milchig getrübt. Ultrastruktur netzförmig mit quergestellten Maschen, sehr lichtstark und rein. Querschnitte rundlich . .
Kupferseide (feinfädig)

 b) Mit Eosin extra und Günther-Wagner-Tinte Nr. 4001 Rosafärbung. Ultrastruktur ähnlich wie bei Kupferseide, jedoch nicht so lichtstark und rein. Querschnitte in der Regel ungleichmäßig gelappt, zum Teil feingekerbt. Manchmal auch rundliche Formen, stark abgekantet . . . .
Viskoseseide

16. Unterscheidung von Kupfer- und Viskoseseide.

	Unterscheidungs-merkmale bzw. Reaktion[1]	Verhalten der Kupferseide	Verhalten der Viskoseseide	Bemerkungen über die Brauchbarkeit der Methode
Mikroskopische Prüfungen	Querschnittsform	etwas abgeplattet, aber stets rund; teilweise kreisrund	meist gelappt, unregelmäßig sternförmig, gekerbt, bandartig; daneben aber auch rund	bedingt brauchbar, da die älteren Viskoseseiden auch mehr oder weniger rundliche oder deutlich abgekantete Querschnitte aufweisen, die der Kupferseide eigen sind
	Ultramikroskopisches Verhalten (nach A. Herzog)	lichtstarke, **quer**verlaufende Netzstruktur	lichtschwache, grobe, **längs**verlaufende Netzstruktur. Hervortreten von vielen körnigen und feinsplitterigen Verunreinigungen	in allen Fällen **vollkommen brauchbar**
	Polariskopisches Verhalten zwischen gekreuzten Nicols	stetiges Anwachsen der Interferenzfarben vom Rande der Faser nach der Mitte hin	Interferenzfarben deutlich in Streifen parallel zur Faserlängsrichtung abgesetzt	zweifelhaft, da die Viskoseseide mit rundlichem Querschnitt sich auch wie die Kupferseide verhält
Chemische Prüfungen (Farbenreaktionen)	Kalte konz. Schwefelsäure (nach Marschner) (0,2 g Seide + 10 ccm Schwefelsäure)	Färbung beim Übergießen: Gelblich, Färbung nach 45—60 Min.: gelb braun bis rötlichgelb	Färbung beim Übergießen: rötlich-braun, Färbung nach 45 bis 60 Min.: dunkelrotbraun	in allen Fällen **vollkommen brauchbar**
	1%ige Silbernitratlösung + 4%ige Natriumthiosulfatlösung + 4%ige Natronlauge (nach Rhodes)	hellgraue Färbung	rotbraune bis schwarzbraune Färbung	bedingt brauchbar, nicht für **grobfädige** Kupferseide, die sich wegen der größeren Menge an Verunreinigungen **dunkel** färbt
	Brillantbenzoblau 6 B (konz. Lösung)	dunkelblau bis schwarz gefärbt	hellblau gefärbt	bedingt brauchbar, nicht für **grobfädige** Kupferseide, da sich diese wie Viskoseseide, in allen Fällen **hell,** anfärbt
	Brillantreinblau (konz. Lösung)	dunkelblau gefärbt	hellblau gefärbt	
	Oxydiaminschwarz A (konz. Lösung)	Schwarzfärbung	rotbraune Färbung	
	Benzobraun G (konz. Lösung)	dunkelbraune Färbung	hellbraun bis braun gefärbt	

---

[1] Nähere Erläuterungen zur Ausführung der einzelnen Reaktionen finden sich im „Reagenzienverzeichnis" (S. 76—81).

	Unterscheidungs-merkmal bzw. Reaktion	Verhalten der Kupferseide	Verhalten der Viskoseseide	Bemerkungen über die Brauchbarkeit der Methode
Chemische Prüfungen (Farbenreaktionen)	Methylenblau (nach Massot) Malachitgrün (wäßrige Lösungen)	hellblaue Färbung hellgrüne Färbung	dunkelblaue Färbung dunkelgrüne Färbung	bedingt brauchbar, nicht für **grob-fädige** Kupferseide, die wie Viskose-seide **dunklere** Farbtöne zeigt.
	Naphtylamin-schwarz 4B (wäß-rige neutrale Lösung, warm) Pikrocarmin S (Grübler & Co.) Pelikantinte Nr.4001 + 0,5%ige Eosin-extra-Lösung (I.G. Farbenindustrie) („Zart"sche Lö-sung)	dunkelblaue Färbung weinrote bis dun-kelrote Färbung tiefblaue Färbung	hellblaue bis rötlich-blaue Färbung helle Rosafärbung Rosa Färbung	bedingt brauchbar, nicht für **grob-fädige** Kupferseide, die sich meist ähn-lich wie feinfädige Viskoseseide an-färbt
	Neolanprobe (nach Dischreit) (0,25 g Neolan-blau G + 1,5 g Neo-langelb R auf 1 l Wasser bei 25⁰ C)	Starke (dunkel-grünliche) An-färbung)	schwache grünliche Anfärbung	
	Rutheniumrot (Ruthenium - am - monium-oxychlorid) (nach Beltzer)	auch nach einigen Stunden kaum angefärbt	rosa angefärbt	

A n m e r k u n g : Alle Versuche sind zweckmäßig mit fett- und ölfreien Kunstseiden durchzuführen. Bei den Ausfärbungen für Farbreaktionen empfiehlt sich, zum Vergleich Proben bekannter Herkunft mit anzufärben. — Gefärbte, zu prüfende Kunstseiden müssen erst mit Hydrosulfit + Ammoniak in der Wärme behandelt und gründlich ausgewaschen werden, um den vor-her vorhandenen Farbstoff abzuziehen.

17a. Qualitative Baumwollbewertung.

Mikroskopische und optische Unterscheidungsmerkmale der Baumwollfasern in verschiedenen Reifegraden.

Entwicklungs-zustand des Haares	Wandverdickung	Form des Haares nach Einwirkung von kalter konz. Natron- oder Kalilauge	Zwischen gekreuzten Nikols		Protoplasma-tische [1] Inhalts-reste im Innern der Faser	Lichtstärke[2] der ultra-mikroskopi-schen Netz-struktur	Anmerkung
			vorherrschende Interferenz-farben auf der Breitseite des Haares (Diago-nalstellung)	in beiden Orthogonal-stellungen			
1. vollreif . .	auffallend kräftig, wulstig	bei nicht zu groben Sorten auffallend walzenförmig, sonst bandartig	Weiß-Gelb I	hell	reichlich vertreten	auffallend groß	—
2. halbreif . .	mäßig oder gar nicht wulstig	bandartig	Weiß I	hell	reichlich vertreten	groß	—
3. unreif (grün)	sehr gering (etwa $1\,\mu$)	bandartig	Grau I	dunkel	reichlich vertreten	gering	Wandung gefärbter Haare auf-fallend hell gegenüber 1 und 2
4. tot	außerordentlich gering (etwa $0{,}5$—$0{,}6\,\mu$)	bandartig	Dunkelgrau I Schwarz [3]	dunkel	fast fehlend	sehr gering, da optisch nahezu leer	

[1] Am raschesten nach Einwirkung von nicht zu konzentriertem Kupferoxydammoniak-Rutheniumrot festzustellen.
[2] Nach dem vereinfachten Verfahren von A. Herzog oder mit dem Paraboloidkondensor zu prüfen.
[3] Nach Einschaltung eines Glimmerplättchens $^1/_8\,\lambda$ erscheint die Faser unter $+\,45^0$ weiß, unter $-\,45^0$ schwarz.

17b. Qualitative Baumwollbewertung.

Größen- und Querschnittsverhältnisse der Baumwollhaare in verschiedenen Entwicklungszuständen.

Entwicklungs-zustand des Haares	Querschnittsfläche des Haares			Mittlere Metrische Nummer des Einzelhaares (abgerundet)	Mittlere Wanddicke in μ	Mittlere Haarbreite in μ
	Mittel in qμ	Verhältnis				
		Nr. 4 = 1 gesetzt	Mittel von Nr. 3 u. 4 = 1 gesetzt			
1. vollreif	150	6,0	**4,6**	4 400	3,5	22
2. halbreif	105	4,2	**3,2**	6 400	2,6	21
3. unreif (grün) . .	40	1,6	} 1,0	16 700	1,0	20
4. tot	25	1,0		26 700	0,6	25

18. Spezifische Doppelbrechung einiger Faserstoffe.

Faserstoff	Lichtbrechung, wenn die Faser-längsachse $\perp$ zur Polari-sationsebene	Lichtbrechung, wenn die Faser-längsachse $//$ zur Polari-sationsebene	Spezifische Doppel-brechung	Mittl. Licht-bre-chung	Autor
Gelatineseide	1,540	1,539	+ 0,001	1,540	A. Herzog
Azetatseide aus Triazetat ge-sponnen	1,474	1,479	— 0,005	1,477	,, ,,
Azetatseide aus sekundärem Azetat gesponnen	1,476	1,470	+ 0,006	1,473	,, ,,
Agavenfaser, Agave ameri-cana	1,530	1,522	+ 0,008	1,526	Schiller
Schafwolle	1,555	1,545	+ 0,010	1,550	A. Herzog
Schafwolle, gechlort	1,555	1,543	+ 0,012	1,549	,, ,,
Kupferseide, grobfädig . .	1,548	1,527	+ 0,021	1,538	,, ,,
,, feinfädig . .	1,552	1,520	+ 0,032	1,536	,, ,,
Sisal, Agave sisalana . . .	1,543	1,521	+ 0,022	1,532	Himmelbauer
Kantala, Agave cantala . .	1,547	1,522	+ 0,025	1,535	,,
Viskoseseide, grobfädig . .	1,548	1,523	+ 0,025	1,536	A. Herzog
,, feinfädig . .	1,550	1,514	+ 0,036	1,532	,, ,,
Henequen, Agave fourcroy-des	1,546	1,519	+ 0,027	1,533	Himmelbauer
Nitratseide, grobfädig . . .	1,548	1,518	+ 0,030	1,533	A. Herzog
,, feinfädig . . .	1,556	1,514	+ 0,042	1,535	,, ,,
Afrik. Spinnenseide	1,581	1,542	+ 0,039	1,562	,, ,,
Baumwolle	1,580	1,533	+ 0,047	1,557	,, ,,
Echte Seide	1,595	1,538	+ 0,057	1,567	,, ,,
Flachs	1,595	1,528	+ 0,067	1,562	,, ,,
Hierüber zum Vergleich:					
Quarz			+ 0,009		
Gips			+ 0,009		
Orthoklas			+ 0,007		

19. Lichtbrechungsexponenten $(n_D, t = 18^\circ C)$
verschiedener Flüssigkeiten.

		Die Faser ist nahezu unsichtbar, wenn ihre Längsachse	
		$\parallel$	$\perp$
		zur Polarisationsebene des Nicols steht	
1. Luft	1,000		
2. Wasser	1,333		
3. Alkohol, abs., ...	1,361		
4. Paraldehyd	1,404		
5. Chloroform	1,443		
6. Glyzerin, konz., ...	1,456		
7. Tetrachlorkohlenstoff	1,461		
8. Bergamotteöl G[1]	1,465		
9. Kajeputöl G	1,465		
10. Olivenöl G	1,468		
11. Terpentinöl G	1,471	Azetatseide	
12. Rizinusöl G	1,476		Azetatseide
13. Zitronenöl G	1,479		
14. Xylol G	1,497		
15. Benzol G	1,502		
16. Zedernöl, Immers.-, Zeiß	1,514	Feinfäd. Viskose- und Nitratseide	
17. Kanadabalsam, neutr., G . . .	1,521	Feinfäd. Kupferseide	
18. Zedernöl, alt, G	1,522		
19. Monochlorbenzol M[2]	1,522		
20. Fenchelöl G	1,527	Grobfädige Kupferseide, Flachs	
21. Kanadabalsam G	1,533	Grobfäd. Viskoseseide, Baumwolle	
22. Nelkenöl, frisch, G	1,533		
23. Äthylenbromid M	1,537		
24. Salizylsäuremethylester	1,537	Echte Seide, Gelatineseide	Gelatineseide
25. Anisöl G	1,546	Spinnenseide, Schafwolle	Grobfädige Viskose-, Kupfer- und Nitratseide
26. Nitrobenzol M	1,552		Feinfädige Viskose- u. Kupferseide
27. Anethol G	1,554		Feinfädige Nitratseide, Schafwolle
28. Monobrombenzol M	1,559		
29. Benzoesäurebenzylester	1,569		Baumwolle, Spinnenseide
30. Anilin M	1,595		Flachs, Echte Seide
31. Zimtöl M	1,602		
32. Monojodbenzol M	1,618		
33. Monobromnaphtalin M	1,657		
34. Methylenjodid M	1,740		

[1] G = Dr. Grübler & Co., Leipzig. [2] M = E. Merck, Darmstadt.

20. Interferenzfarben zwischen gekreuzten bzw. parallelen Nicols.

	Nikols	
	gekreuzt	parallel
Erste Farbenordnung		
	Schwarz	Lebhaftweiß
	Eisengrau	Weiß
	Graublau	Gelblichweiß
	Hellergraublau	Gelbbräunlich
	Hellbläulich	Gelbbraun
	Grünlichweiß	Braunrot
	Weiß	Rotviolett
	Gelblichweiß	Violett
	Gelb	Hellindigo
	Braungelb	Graublau
	Bräunlichorange	Blau
	Rotorange	Blaugrün
	Rot	Blaßgrün
	Dunkelrot	Gelbgrün
Zweite Farbenordnung		
	Purpurrot	Hellgrün
	Violett	Grünlichgelb
	Indigo	Lebhaftgelb
	Blau	Orange
	Blaugrünlich	Orangebraun
	Grün	Hellkarminrot
	Hellergrün	Purpurrot
	Gelblichgrün	Purpurviolett
	Grünlichgelb	Violett
	Reingelb	Indigo
	Orange	Dunkelblau
	Lebhaftorangerot	Grünlichblau
	Dunkelrotviolett	Grün
Dritte Farbenordnung		
	Violett	Grünlichgelb
	Blau	Gelborange
	Grün	Rot
	Gelb	Violett
	Rosenrot	Grünlichblau
	Rot	Grün

21. Additions- und Subtraktionsfarben mit Rot I.

1	2	3			
Nr.	Interferenzfarbe zwischen gekreuzten Nicols:	Wie bei 2, jedoch nach Einschaltung eines Gipsplättchens Rot I:			
		Summe:	Addition:	Differenz:	Subtraktion:
1.	Grau I	$1 + 6 = 7$	Indigo II	$6 - 1 = 5$	Orange I
2.	Hellbläulich I .	$2 + 6 = 8$	Blau II	$6 - 2 = 4$	Gelb I
3.	Weiß I	$3 + 6 = 9$	Grün II	$6 - 3 = 3$	Weiß I
4.	Gelb I	$4 + 6 = 10$	Gelb II	$6 - 4 = 2$	Hellbläulich I
5.	Orange I . . .	$5 + 6 = 11$	Orange II	$6 - 5 = 1$	Grau I
6.	Rot I	$6 + 6 = 12$	Rot II	$6 - 6 = 0$	Schwarz
7.	Indigo II . . .	$7 + 6 = 13$	Violett III	$7 - 6 = 1$	Grau I
8.	Blau II . . .	$8 + 6 = 14$	Blau III	$8 - 6 = 2$	Hellbläulich I
9.	Grün II . . .	$9 + 6 = 15$	Grün III	$9 - 6 = 3$	Weiß I
10.	Gelb II . . .	$10 + 6 = 16$	Gelb III	$10 - 6 = 4$	Gelb I
11.	Orange II . . .	$11 + 6 = 17$	Rosa III	$11 - 6 = 5$	Orange I
12.	Rot II	$12 + 6 = 18$	Rot III	$12 - 6 = 6$	Rot I
13.	Violett III	$13 + 6 = 19$	Hellrotviolett IV	$13 - 6 = 7$	Indigo II
14.	Blau III . . .	$14 + 6 = 20$	Bläulichgrün IV	$14 - 6 = 8$	Blau II
15.	Grün III . . .	$15 + 6 = 21$	Grün IV	$15 - 6 = 9$	Grün II
16.	Gelb III . . .	$16 + 6 = 22$	Hellgrünlich IV	$16 - 6 = 10$	Gelb II
17.	Rosa III . . .	$17 + 6 = 23$	Hellrosa IV	$17 - 6 = 11$	Orange II
18.	Rot III. . . .	$18 + 6 = 24$	Hellrot IV	$18 - 6 = 12$	Rot II
19.	Hellviolett IV	$19 + 6 = 25$	Hellrot V	$19 - 6 = 13$	Violett III
20.	Bläulichgrün IV	$20 + 6 = 26$	Hellviolettrot V	$20 - 6 = 14$	Blau III
21.	Grün IV . . .	$21 + 6 = 27$	Hellblau V	$21 - 6 = 15$	Grün III

22. Additions- und Subtraktionsfarben mit Grau I—Rot I.

Kombinierte Farben:		Additionsfarbe:	Subtraktionsfarbe:
Grau I	Grau I	Hellbläulich I	Schwarz
Hellbläulich I	Grau I	Weiß I	Grau I
	Hellbläulich I	Gelb I	Schwarz
Weiß I	Grau I	Gelb I	Hellbläulich I
	Hellbläulich I	Orange I	Grau I
	Weiß I	Rot I	Schwarz
Gelb I	Grau I	Orange I	Weiß I
	Hellbläulich I	Rot I	Hellbläulich I
	Weiß I	Indigo II	Grau I
	Gelb I	Blau II	Schwarz

Tabelle 22 (Fortsetzung).

Kombinierte Farben:		Additionsfarbe:	Subtraktionsfarbe:
Orange I	Grau I	Rot I	Gelb I
	Hellbläulich I	Indigo II	Weiß I
	Weiß I	Blau II	Hellbläulich I
	Gelb I	Grün II	Grau I
	Orange I	Gelb II	Schwarz
Rot I	Grau I	Indigo II	Orange I
	Hellbläulich I	Blau II	Gelb I
	Weiß I	Grün II	Weiß I
	Gelb I	Gelb II	Hellbläulich I
	Orange I	Orange II	Grau I
	Rot I	Rot II	Schwarz
Indigo II	Grau I	Blau II	Rot I
	Hellbläulich I	Grün II	Orange I
	Weiß I	Gelb II	Gelb I
	Gelb I	Orange II	Weiß I
	Orange I	Rot II	Hellbläulich I
	Rot I	Violett III	Grau I
	Indigo II	Blau III	Schwarz
Blau II	Grau I	Grün II	Indigo II
	Hellbläulich I	Gelb II	Rot I
	Weiß I	Orange II	Orange I
	Gelb I	Rot II	Gelb I
	Orange I	Violett III	Weiß I
	Rot I	Blau III	Hellbläulich I
	Indigo II	Grün III	Grau I
	Blau II	Gelb III	Schwarz
Grün II	Grau I	Gelb II	Blau II
	Hellbläulich I	Orange II	Indigo II
	Weiß I	Rot II	Rot I
	Gelb I	Violett III	Orange I
	Orange I	Blau III	Gelb I
	Rot I	Grün III	Weiß I
	Indigo II	Gelb III	Hellbläulich I
	Blau II	Rosa III	Grau I
	Grün II	Rot III	Schwarz
Gelb II	Grau I	Orange II	Grün II
	Hellbläulich I	Rot II	Blau II
	Weiß I	Violett III	Indigo II
	Gelb I	Blau III	Rot I
	Orange I	Grün III	Orange I
	Rot I	Gelb III	Gelb I
	Indigo II	Rosa III	Weiß I
	Blau II	Rot III	Hellbläulich I
	Grün II	Bläulichgrün IV	Grau I
	Gelb II	Grün IV	Schwarz
Orange II	Grau I	Rot II	Gelb II
	Hellbläulich I	Indigo III	Grün II
	Weiß I	Blau III	Blau II
	Gelb I	Grün III	Indigo II

23. Garnnumerierungstabelle mit Umrechnungszahlen.

Garnsorte	Übliche Numerierungen (N_x)	Numerierungslänge (Strähnlänge) im Originalmaß	in Meter umgerechnet	Numerierungsgewicht	Umrechnungszahlen zur Bestimmung von $N_\text{metr.}$ aus N_x	N_x aus $N_\text{metr.}$
Baumwolle	englisch	840 Yards	768,1	1 Pfd. engl.	1,693 ×	0,591 ×
	französisch	1000 m	1000	0,5 kg	2,000 ×	0,500 ×
	metrisch	1000 m	1000	1 kg	1,000 ×	1,000 ×
	österreichisch	1488 Wiener Ellen	1159	1 Wiener Pfd. (= 560 g)	2,070 ×	0,483 ×
	niederländ.	840 Yards	768,1	0,5 kg	1,535 ×	0,651 ×
Leinen und Hanf	engl.-irisch	300 Yards	274,32	1 Pfd engl.	0,605 ×	1,653 ×
	österreichisch	3600 Wiener Ellen	2805,16	10 Pfd. engl.	0,618 ×	1,620 ×
Jute	englisch	300 Yards	274,32	1 Pfd. engl.	0,605 ×	1,653 ×
	schottisch	14 400 Yards	13 167	1 Pfd engl.	29,1 :	29,1 :
Nessel und Ramie	metrisch	1000 m	1000	1 kg	1,000 ×	1,000 ×
	englisch	300 Yards	274,32	1 Pfd. engl.	0,605 ×	1,653 ×
Kammgarn (weich)	metrisch	1000 m	1000	1 kg	1,000 ×	1,000 ×
Cheviot, Weft, Lüster, Mohair, Alpaka, Kamelhaargarn(hart)	englisch	560 Yards	512,05	1 Pfd. engl. (453,59 g)	1,129 ×	0,886 ×
Wollstreichgarn	metrisch	1000 m	1000	1 kg	1,000 ×	1,000 ×
	preußisch	2200 Berlin. Ellen	1467	0,5 kg	2,934 ×	0,341 ×
	sächsisch	800 Leipzig. Ellen	452	0,5 kg	0,904 ×	1,106 ×
	sächsisch	760 L. Ellen	429	0,5 kg	0,860 ×	1,162 ×
	sächsisch	760 L. Ellen	429	1 Handelspfd. (= 467,7 g)	0,919 ×	1,088 ×
	französisch	1254 Pariser Ellen	1493,6	1 Pariser Pfd. (489,5 g)	3,053 ×	0,328 ×
Vigogne und Kunstwolle	metrisch	1000 m	1000	1 kg	1,000 ×	1,000 ×
	sächsisch	760 Leipziger Ellen	429	0,5 kg	0,860 ×	1,162 ×
Imitat- und Papiergarn	metrisch	1000 m	1000	1 kg	1,000 ×	1,000 ×
Schappe, Bourette u. Stapelfaser	englisch	840 Yards	768,1	1 Pfd. engl.	1,693 ×	0,591 ×
	metrisch	1000 m	1000	1 kg	1,000 ×	1,000 ×
Gehaspelte Naturseide (Grège, Organzin, Trame), wilde Seiden und Kunstseiden	Turiner Titer (= Legal. Tit.)	450 m	450	1 Tur. Grain (= 0,05 g)	9000 :	9000 :
	metrisch (Dezim.-Tit.)	500 m	500	0,05 g	10 000 :	10 000 :
	französisch (alt)	400 Aunes	475,38	1 Lyoner Gr. (= 0,0531 g)	8968,8 :	8968,8 :
	französisch (neu)	500 m	500	1 Lyoner Gr. (= 0,0531 g)	9413,5 :	9413,5 :
	piemontesisch (alt)	400 Aunes	475,38	1 piem. Grain (= 0,05336 g)	8925,1 :	8925,1 :
	Mailänd. Tit. (alt)	400 Aunes	475,38	1 Mail. Grain (= 0,0511 g)	9340,7 :	9340,7 :

24a. Einfluß der Luftfeuchtigkeit auf den Wassergehalt der Faserstoffe bei $t = 20^{\circ}$C.

(Zusammengestellt von H. Sommer nach Versuchen von F. Hönig und K. Biltz.)

Tafel 1.

Material:	Feuchtigkeitsgehalt des Faserstoffs in Prozent des Trockengewichts bei einer relativen Luftfeuchtigkeit von					
	30%	40%	50%	60%	70%	100%
Wolle:						
Schweißwolle	6,0— 8,5	7,2— 9,7	8,5—11,0	9,6—12,2	11,0—13,0	39—48
Gewaschene Wolle	10,5—11,0	11,6—12,3	12,5—13,8	13,4—15,0	13,9—16,2	32—38
Kammzug	9,7—11,0	10,8—12,0	11,6—13,0	12,5—13,6	13,5—14,0	31—35
Garn	8,5—11,0	9,6—12,1	10,6—12,7	11,7—13,5	12,0—14,2	27—34
Seide:						
Rohseide (ital.)	4,9	5,8	6,8	7,7	8,6	26
Entbastete Seide	6,6	7,9	9,2	10,5	11,9	24
Bourette	5,0	5,9	6,9	7,8	8,7	25
Kunstseide:						
Kupferseide	5,9	7,4	10,0	11,4	14,4	36
Viskoseseide	5,9	7,3	9,9	11,2	14,1	35
Azetatseide	1,9	2,7	3,4	4,3	5,2	12
Baumwolle:						
Amerikanische Baumwolle, roh	4,3—5,6	5,2—6,2	6,2—6,9	7,1—7,5	8,2	30
,, ,, , gebleicht	4,2	4,9	5,6	6,3	7,1	27
,, ,, , Garn (Cops)	5,0	5,6	6,2	6,8	7,4	16
Ägyptische Baumwolle, roh	5,5	6,4	7,3	8,2	9,0	32
,, ,, , Garn (Cops)	5,3	6,0	6,6	7,3	8,0	17
Abfallbaumwolle, roh	5,6	6,2	6,9	7,5	8,2	30
Ägyptische Imitatbaumwolle	3,2	4,0	4,8	5,6	6,4	31
Bastfasern:						
Flachs, gehechelt, Wasserröste	7,5	8,3	9,1	9,9	10,7	23
,, , ,, , Tauröste	7,8	8,6	9,5	10,3	11,2	23
,, , Naßgespinst	7,1	7,9	8,6	9,4	10,2	22
,, , Trockengespinst	6,5	7,3	8,1	8,9	9,7	22
Hanf, italienischer, gehechelt	8,0	8,7	9,4	10,1	10,8	24
,, , russischer, gehechelt	7,2	7,9	8,6	9,4	10,1	24
Jute, roh	6,7	7,9	9,2	10,4	11,6	34
,, , Garn	7,2	8,5	9,8	11,1	12,3	34
Ramie, roh	6,1	6,6	7,2	7,8	8,4	31
,, , kotonisiert	4,5	5,1	5,7	6,3	6,9	20
,, , Garn	4,2	4,7	5,3	5,8	6,4	18

24b. Einfluß der Luftfeuchtigkeit auf den Wassergehalt der Faserstoffe bei $t = 20^\circ$ C.

(Zusammengestellt nach Versuchen von J. Obermiller.)

Tafel 2.

Material	Feuchtigkeitsgehalt des Faserstoffs in Prozent des Trockengewichts bei einer relativen Luftfeuchtigkeit von								
	30%	40%	50%	60%	65%	70%	80%	90%	100%
Baumwolle . . .	5,0	6,0	7,5	8,5	9,5	10,0	12,0	15,5	>26,0
Wolle	10,0	12,0	14,0	16,0	16,75	18,0	20,0	24,0	>32,0
Seide, roh . . .	7,0	9,0	10,5	12,5	13,5	14,5	17,0	21,5	>35,0
Seide, entbastet .	6,5	8,0	9,5	11,0	11,75	13,0	15,0	19,0	>35,0
Kunstseide (ausschließlich Azetatseide) . . .	7,5	9,5	11,5	13,5	14,75	16,0	19,5	26,0	>40,0

25. Mittlere Wassergehalte lebender Flachspflanzen sowie der Flachsfaser während der Gewinnung und Verarbeitung.

(Nach Versuchen von A. Herzog.)

		Wassermenge für 100 Teile	
		Trockensubstanz	vorliegende Substanz
Flachspflanze	grünreif (die Mehrzahl der Pflanzen abgeblüht)	257	72
	gelbreif (gewöhnlicher Reifegrad) . .	163	62
	vollreif (Kapseln vollständig dürr) .	100	50
	gelbreif, nach dem Kapellen (Trocknen auf dem Felde)	15	13
Strohflachs	nach dem Riffeln	13,8	12
Röstflachs	nach der Warmwasserröste (½ Stunde abtropfen)	426	81
	nach der Heißwasserdampfröste von Steenkiste	255	71,8
	warmwassergeröstet, nach der natürlichen Trocknung in Puppen	17,3	14,7
	warmwassergeröstet, nach längerer Lagerung in offenem Speicher	12,4	11,0
	taugeröstet, nach längerer Lagerung in offenem Speicher	13,8	12,0
Ausgearbeitete Flachsfasern	Wasserrösteschwingflachs nach längerer Lagerung	9,1	8,3
	Taurösteschwingflachs nach längerer Lagerung	10,6	9,6
Flachsgarn	bei normaler Luftfeuchtigkeit 48 Stunden ausgelegt	i. M. 8,0	7,4
	handelsüblich festgelegter Wassergehalt	12,0	10,7

26. Handelsüblicher Feuchtigkeitszuschlag (Reprise) und zulässiger Feuchtigkeitsgehalt der Garne.

Faserstoff	Handelsüblicher Feuchtigkeitszuschlag (Reprise) in Prozent des Trockengewichtes	Zulässiger Feuchtigkeitsgehalt in Prozent des lufttrockenen Faserstoffs, d. h. bezogen auf das Gesamtgewicht
Baumwollgarn und Imitatgarn	8,50	7,83
Leinen-, Ramie- und Hanfgarn	12,00	10,71
Jutegarn und Neuseelandflachs	13,75	12,09
Streichgarn, Kunstwollgarn, Wollabfälle, reingewaschene und unverarbeitete Wollen, Kämmlinge	17,00	14,53
Kammgarn, Kammzug, Strickgarn, Mohair, Genappe, Alpaka	18,25	15,43
Seidengespinste, Schappe, Bourette, Kunstseide (Nitrat-, Viskose-, Kupfer-)	11,00	9,91
Azetatkunstseide	6,0—8,0	5,66—7,41
Papiergarn	15,00	13,04
Mischgarne (z.B. aus Wolle und Baumwolle oder aus Wolle und Seide), Kunstwollgarne, Streichgarne mit Baumwollzusatz, Vigognegarne usw.	im Verhältnis der jeweiligen Zusammensetzung zu bestimmen.	

27. Freie Einspannlängen für Festigkeitsprüfungen.[1]

a) Gespinste:

Baumwollgarn . . . . mindestens 200 mm
Gebleichtes Leinengarn . . . . „ 200 „
Kammgarn . . . . nicht unter 300 „
Streichgarn . . . . 300 „
Ungebleichte Bastfasergespinste . . . . } in der 500 „
Gespinste aus echter Seide . . . . } Regel
Kunstseiden nach Norm des R. A. L. . . . . 500 „

b) Gewebe:

Wollstoffe bei 9 cm Breite (doppelt zusammengelegt) . . . . 300 „
Alle übrigen Stoffe, soweit nicht besondere Vorschriften bestehen, bei 5 cm Breite und 5 mm freien Fadenenden auf jeder Streifenseite (einfachliegende Streifen, fadengerade 500 mm lang und 60 mm breit zugeschnitten) . . . . 360 „

---

[1] Diese Angaben sind nur als vorläufige zu betrachten. Der Reichsausschuß für Lieferungsbedingungen (R. A. L.) beschäftigt sich derzeit mit der Aufstellung einheitlicher Normbedingungen für Festigkeitsprüfungen.

28. Bruchfestigkeiten, Reißlängen und Substanzfestigkeiten der wichtigsten Textilfasern.

Faserstoff	Bruchfestig-keit P in g	Reißlänge R in km	Absolute Substanz-festigkeit p in kg/qmm	Autor
I. Pflanzenhaare.				
Baumwolle, nordamerikan. .	5,4—8,6	28—38	42—57	Forsch.-Inst. Delft.
„ , „ .	5,0—6,6	24—28	36—42	Fikentscher
„ , südamerikan. .	—	23,5—31,5	35,4—47,2	„
„ , amerikan. . . .	8,2	25,5	38,2	Brooks
„ , „ (Orleans)	8,9	39,3	59,0	Kuhn
„ , Sea Island . .	5,9	37,9	56,8	Fikentscher, Geiger
„ , ägyptische . .	5,3	34,0	51,0	Forsch.-Inst. Delft
„ , „ . .	4,5—7,2	22,0—33,8	33,1—50,8	Fikentscher
„ , „ (Jumel)	7,6	46,7 ?	70,1 ?	Kuhn
„ , Sakellaridis . .	7,6—7,8	—	—	O'Neill
„ , „ . .	—	40,3	60,5	Fikentscher
„ , ostindische . .	8,5	31,6	47,3	Kuhn
„ , „ (Dhollerah)	5,1—8,0	17,3—29,2	25,9—43,7	Fikentscher
„ , „ (Dhollerah)	8,4	—	—	Geiger, O'Neill
„ , chinesische . .	8,0—8,8	15,2—20,5	22,7—30,8	Fikentscher
„ . .	—	23—25	34,3—37,6	Hartig, E. Müller
Kapok	2—5	—	—	Lincke
II. Dikotyle Bastfasern.				
Technische Flachsfaser (Bastbündel) im rohen, un-gerösteten Stengel je nach Halmzone	—	55—90	82,5—135,0	A. Herzog
dgl.	—	73,7	110,4	Sonntag
roh, ausgearbeitet (Mittelqualität) . .	—	40—60	60—90	A. Herzog
roh, ausgearbeitet . . .	—	40,2	60,4	Sonntag
„ , „ . . .	—	bis 52	bis 78	Schneider
„ , „ . . .	—	bis 48	bis 72	Pfuhl
„ , „ . . .	—	61,8—86,1	92,8—129,2	Ruschmann
„ , „ . . .	—	75,9—81,8	113,9	Böhm
„ , „ . . .	—	20—27 ?	30—40,5 ?	E. Müller, Hartig, Forsch.-Inst. Delft
Flachseinzelfaser (Bast-zelle) im rohen, ungerösteten Stengel je nach Halmzone (schles. Flachsstroh)	13,6—26,0	—	—	A. Herzog
dgl. im Mittel	14—18	—	—	„ „
aus gerauftem Stengelflachs, ungeröstet	13,4	—	—	P. Krais
dgl., geröstet	15,2	—	—	„ „
aus Flachsabfällen	11,7	—	—	„ „
kotonisiert:				
verschiedene Sorten, i. M. . .	10,7	21,6 ?	31,6 ?	Johannsen
veredelt, ungebleicht ⎱ engl.	13,9	—	—	Wagner
„ , gebleicht i. M. ⎰ Muster	5,5—8,0	—	—	„

(In der Spalte "Schwingflachs" steht senkrecht die Bezeichnung "Schwingflachs" als Klammer zu den Zeilen von „roh, ausgearbeitet (Mittelqualität)" bis zur vorletzten „—".)

Tabelle 28 (Fortsetzung).

Faserstoff	Bruchfestigkeit P in g	Reißlänge R in km	Absolute Substanzfestigkeit p in kg/qmm	Autor
Technische Hanffaser (Cannabis sativa):				
badischer, roh, ungeröstet . .	—	61,2	91,8	Sonntag
badischer, roh, aufgeschl., gebrochen und gehechelt. . .	—	35,7	53,6	,,
polnischer	—	52,0	78,0	Hartig
russischer	—	50,3	75,5	W. Müller
italienischer	—	61,6	92,4	Böhm
bester italienischer (Grafietta)	—	90,7	136,0	W. Müller
chinesischer	—	46,6	69,9	Böhm
,,	—	46—72	69—108	Heuser
,,	—	25—31 ?	37,5—46,5 ?	Krais, Biltz, E. Müller, Forsch.-Inst. Delft.
Jute (Corchorus capsularis):				
roh, ausgearbeitet, je nach Stengelteil	—	30,4—33,9	43,8—48,8	Krais
roh, ausgearbeitet Stengelmitte	53	18,5—25,0	26,6—36,0	Forsch.-Inst. Delft
,, ,, ,, .	—	20,0	28,7	E. Müller
,, ,, ,, .	—	34,5	49,5	Pfuhl
,, ,, ,, .	—	40,9	61,4	Böhm
Javajute, roh, ausgearbeitet	49	86,8	130,2	,,
Ramie (Boehmeria nivea):				
im rohen Stengel, unaufgeschl.	—	51,6	77,6	Sonntag
roh, ausgearbeitet	—	39,0	58,6	,,
,, ,, ...	—	52,2	78,3	Böhm
,, ,, ...	—	20—27	30—40,5	Hartig, E. Müller
Weide (Salix alba)	—	18,9	28,4	Böhm
Linde (Tilia parvifolia) . . .	—	19,7	29,6	,,
III. Monocotyle Bastfasern.				
Manilahanf (Musa textilis):				
im rohen Stengel, unaufgeschlossen	—	48,0	67,1	Sonntag
roh, ausgearbeitet	—	38,0	53,0	Forsch.-Inst. Delft
,, ,, ...	—	36,5	54,8	Böhm
,, ,, ...	—	18,6—35,9	24,1—48,5	Halama
,, ,, , im Mittel	—	32,2	43,5	,,
,, ,, ...	—	31,8	44,5	Hartig
Sisalhanf (Agave americ. var. sisal.) roh, ausgearbeitet . .	—	39,0	—	Forsch.-Inst. Delft
Ananasfaser (A. sativa L.) .	—	60,4	90,6	Böhm
Kokosfaser (Cocos nucifera).	—	11—12	—	Forsch.-Inst. Delft
,, ...	—	17,8	29,2	E. Müller
Neuseeländ. Flachs (Phormium tenax):				
roh, unaufgeschlossen	—	—	47,7	Sonntag
,, , aufgeschlossen	—	—	30,0	Schwendener
,, , ,, ...	—	—	27,0—40,5	Weinzierl
Torffaser (Eriophorum vag.)	—	1,4	1,9	E. Müller

Tabelle 28 (Fortsetzung).

Faserstoff	Bruchfestig-keit P in g	Reißlänge R in km	Absolute Substanz-festigkeit p in kg/qmm	Autor
IV. Tierische Fasern.				
Echte Seide (Bombyx mori)				
roh	—	30,8—33,0	40,0—44,8	Hartig, E. Müller
„	—	27—36	37,0—49,4	Heermann-Ullrich
entbastet	—	22,5—31,5	30,8—43,2	„ „
Spinnenseide, weiß	—	30,6	39,2	A. Herzog
„ , gelb	—	28,5	37,5	„ „
Tussahseide, entbastet . .	—	24,3—31,5	—	Ullrich
Schafwolle:				
Merino, Cheviot, Crossbred .	—	7,9—9,1 ?	10,3—12,0 ?	E. Müller, Hartig
				Dietel u. a.
Deutsche Wollen i. M. . . .	—	14,4—15,2	18,7—19,8	Wirth
Elekta und Merino	6,8—7,3	20,4—20,8	27—27,5	Krais
feine Landwolle	15—20	21—22	28—29	„
mittlere Landwolle i. M. . . .	28	14,5—20	19—26,5	„
V. Kunstfasern.				
Kunstseide, beste Sorten .	—	15,5—18,0	23,3—27,0	Ullrich
„ , mindere Sorten	—	9,0—12,0	13,5—18,0	„
„ Kupferstreckspinn-.	—	bis 18,0	bis 27,0	A. Herzog
„ Viskose- u. Nitrat- .	—	i. M. 13,5	20,0	Stadlinger
„ Azetat-, deutsch . .	—	bis 12,0	bis 15,5	„
„ Azetat-, ausländ.. .	—	11,0—12,0	14,5—15,5	„
Glasseide	—	3,6	—	A. Herzog
VI. Zellstoffasern.				
(mittl. Länge = 3,4 mm)				
Sulfit, ungebl., $N_m = 2430$	—	29,9	44,9	Rühlemann
„ $^1/_2$ gebleicht, $N_m = 2560$	—	35,5	53,3	„
„ $^3/_4$ „ , $N_m = 2700$	—	32,7	49,1	„
„ $^1/_1$ „ , $N_m = 2790$	—	29,2	43,8	„
VII. Hierüber zum Vergleich:				
Drähte:				
Bleidraht	—	0,18	2,0	
Aluminiumdraht	—	6,2—8,4	16,7—22,6	
Elektrolytkupferdraht . . .		4,3—5,1	38—45	Hütte, 25. Afl.
Walzdraht, geglüht		9,0	70	
„ , gezogen	—	14,1	110	
Leder (Riemen):				
trocken, nicht gefettet. . .	—	2,9—5,2	2,5—4,5	Hütte, 25. Afl.
Hölzer:				
Nadelholz, // zur Faser . .	—	14,6	7,30	Melan
„ , ⊥ „ „ . .	—	2,5	1,25	„
Eichenholz, // zur Faser .	—	13,1	9,20	„
„ , ⊥ „ „ .	—	2,1	1,50	„

29. Mittlere Reißlängen und Bruchdehnungen verschiedener Gespinste.

	Reißlänge km	Bruchdehnung %
Baumwolleinzelgarne		
gute deutsche Garne aus amerik. Baumwolle (fully middling), nach Johannsen		
Schuß	6,8	
Mulezettel (Halbkette)	9,3	
Water	11,0	
Hartwater	13,5	
englische Kettgarne aus amerikanischer Baumwolle, nach Kuhn		3—7 je nach Feinheit und Erzeugungsart
gewöhnliche Qualität	9,5—12,0	
gute „	11,0—13,5	
beste „	12,5—15,5	
englische Kettgarne aus bester ägyptischer Baumwolle, Sea-Island u. a. nach Kuhn		
gewöhnliche Qualität	12,5—14,0	
gute „	14,5—16,0	
beste „	16,5—18,0	
Baumwollzwirne, beste Qualität nach Spohr		
N_e 16/2 bis 55/2 Mako	20,5—23,0	—
„ 18/3 bis 100/3 „	21,0—25,5	
Baumwolldoppelzwirne, beste Qualität, nach Spohr, (rechts gesponnen, links vorgezwirnt, rechts ausgezwirnt)		5—15
N_e 26/2×2 bis 105/2×2 Mako	22,0—25,5	
„ 26/2×3 bis 155/2×3 „	24,5—27,5	
Baumwollcord (rechts gesponnen, rechts vorgezwirnt, links ausgezwirnt = kordoniert)		20—30 je nach Drehung und Erzeugungsart
N_e 15/3×3 amerik. kardiert	14,0	
„ 19/4×3 Mako kardiert	17,0	
„ 23/5×3 Sakellaridis kardiert	18,5	
„ 23/5×3 „ gekämmt	20,5	
Flachsgespinste		
Line- (= Hechel-) Garne, nach A. Herzog, Martini u. a.		2—4
schwere Kette (extra 1ᵃ mech. Kette)	22,0—24,0	
1ᵃ mech. Kette	19,5—21,5	
gewöhnl. mech. Kette	17,5—19,5	
1ᵃ Schuß	16,5—18,5	
Tow- (= Werg-) Garne		
schwere Kette	15,5—16,5	
1ᵃ mechanische Kette	13,5—14,5	
gewöhnliche mechanische Kette	12,5—13,5	
1ᵃ Schuß	11,5—12,5	
2ᵃ Schuß	10,0—11,0	

Tabelle 29 (Fortsetzung).

	Reißlänge km	Bruchdehnung %
Jutegarne, nach Rudolph		
N_m 1,0—2,0	5,5— 7,5	
„ 2,0—3,0	8,0— 9,0	} 1,3—2,5
„ 3,0—4,0	9,0—12,0	
Nesselgarne, kotonisiert, nach A. Herzog .	4,8—16,0	
im Mittel	11,0	} 2,5
Streichgarne nach Wagner		
einfach, N_m 1,0—12,0	2,0— 6,0	8—35 } sehr
gezwirnt	5,5— 7,5	15—45 } schwankend
Kammgarne		
nach Karmarsch, alle Nummern . .	5,0—12,0	sehr wechselnd
nach Meyer-Zehetner, N_m 32—96,		
einfach	3,5— 5,0	10—17
N_m 32—96, zweifach	5,5— 6,0	15—20
Vigognegarne		
20/4 mit 20—30% Wolle	8,0—10,0	—
Naturseidenzwirne	30,0—40,0	15—22
Schappegarne, nach Marschik	17,0	—
Bourettegarne	10,0—13,0	7—10
Kunstseidefäden		
Kupfer-, Viskose-, Nitrat- } trocken	9,0—18,0	7—16
Azetat- . . . . }	8,0—12,0	22—28
(vgl. hierzu auch die Tabelle „Faserfestigkeiten")		
Stapelfasergarne (Vistrawolle),		
N_e 20—40	8,0—11,0	4—7
Papierstoffgarne	9,0	} 4—11
Papiergarne	4,0—7,0	

30. Relative Naßfestigkeit verschiedener Textilfasern.

Nach Versuchen von Obermiller, Krais, A. Herzog,
Weltzien, Möllering, Wagner u. a.

Relative Naßfestigkeit = Naßfestigkeit in Prozent der bei
normaler Luftfeuchtigkeit (65 % rel.) ermittelten
Trockenfestigkeit.

Faserstoff	Rel. Naßfestigkeit in Prozent der Trockenfestigkeit	FestigkeitsÄnderung durch Befeuchten $(+)$ = Zunahme $(-)$ = Abnahme in Prozent
Baumwolle	110—130	$(+)$ 10—30
Flachs	130—140	$(+)$ 30—40
Wolle	80—90	$(-)$ 10—20
Naturseide	75—85	$(-)$ 15—25
Tussahseide . . .	etwa 75	etwa $(-)$ 25
Kupferseide . . .	50—60	$(-)$ 40—50
Viskoseseide . . .	45—55	$(-)$ 45—55
Nitratseide . . .	35—45	$(-)$ 55—65
Azetatseide. . . .	60—70	$(-)$ 30—40

31. Reißfestigkeitsumrechnungsfaktoren für Kunstseide bei verschiedener Luftfeuchtigkeit.

In der Praxis ist es nicht immer möglich, die Festigkeitsprüfungen bei der normalen Luftfeuchtigkeit von 65% vorzunehmen; man ist oft gezwungen, die Reißversuche bei anderer Feuchtigkeit auszuführen, wodurch gerade bei Kunstseide die Ergebnisse außerordentlich von den maßgebenden (bei 65% gewonnenen) abweichen. Die Fehler, die man hierbei zu befürchten hat, sind um so größer, je mehr die Luftfeuchtigkeit von 65% verschieden ist. In nachstehender Tabelle sind nach eingehenden Versuchen von King und Johnson, Weltzien, Böhringer, Wagner u. a. innerhalb der Grenzen von 40—80% rel. Luftfeuchtigkeit die Faktoren zusammengestellt, mit denen die ermittelten Reißbelastungen zu multiplizieren sind, um annähernd die Werte zu erhalten, die einer normalen und allein maßgebenden relativen Luftfeuchtigkeit von 65% entsprechen würden.

Relative Luftfeuchtigkeit im Versuchsraum φ in Prozent	Reißfestigkeitsumrechnungsfaktor k für		
	Nitratseide	Kupfer- und Viskoseseide	Azetatseide
40	0,75	0,82	0,88
45	0,79	0,84	0,90
50	0,83	0,88	0,93
55	0,88	0,91	0,95
60	0,93	0,96	0,97
65 (normal)	1,00	1,00	1,00
70	1,07	1,06	1,03
75	1,16	1,12	1,06
80	1,27	1,20	1,10

Es ist dann:

normale Bruchfestigkeit = gefundene Bruchfestigkeit × Faktor

normale Reißlänge = konditionierte metr. Nummer × normale Bruchfestigkeit

$$P_{\text{norm.}} = P_{\varphi} \cdot k; \quad R_{\text{norm.}} = N_{m_{\text{kond.}}} \cdot P_{\text{norm.}}$$

32. Festigkeit und Einspannlänge von Flachsgarnen.

Einspannlänge in cm	Faktor, mit welchem die bei	
	50 cm	20 cm
	ermittelte Reißlänge zu multiplizieren ist	
1	1,994	1,612
5	1,659	1,341
10	1,382	1,117
20	1,237	1,000
30	1,156	0,935
40	1,046	0,846
50	1,000	0,808
60	0,942	0,762
80	0,867	0,701
100	0,827	0,668

33. Erfahrungswerte für die Beurteilung der Reißfestigkeitsgleichmäßigkeit von Gespinsten.

(Nach Angaben von Johannsen, Marschik, Sommer u. a.)

Bei der Beurteilung des Gleichmäßigkeitsgrades von Gespinsten ist es erforderlich, den speziellen Eigenschaften der Faserrohstoffe sowie den Eigenarten der Verarbeitungsprozesse Rechnung zu tragen; es ist daher leicht erklärlich, daß Bastfasergarne nicht dieselbe Gleichmäßigkeit wie Baumwollgarne besitzen oder aber Baumwollgarne ebenso gleichmäßig wie Kunstseidefäden sein können. Beispielsweise werden Bastfasergarne als „absolut" ungleichmäßig anzusprechen sein; indessen gibt es auch unter diesen wieder Gespinste, die als „relativ" gleichmäßig, sehr gleichmäßig usw. bezeichnet werden müssen. Aus den angeführten Gründen ist in nachfolgenden beiden Übersichten eine „Allgemeine, absolute Charakteristik" und eine „Spezielle, relative Charakteristik" der Gespinste hinsichtlich der Gleichmäßigkeit unterschieden.

Allgemeine Charakteristik.

Beurteilung	Absolute Gleich-mäßigkeit in Prozent	In die einzelnen Gruppen gehören:
sehr gleichmäßig	über 90	im allg. Baumwollgarne und -zwirne, Kammgarne, Seiden- und Kunstseidengespinste
gleichmäßig	85—90	Streichgarne, Schappegarne
ungleichmäßig	unter 85	Streichgarne, Bastfasergarne, Seidenabfallgarne

Spezielle Charakteristik.

Beurteilung	Relative Gleichmäßigkeit in Prozent			
	Baumwollgarne und Seide	Bastfasergarne (Flachs, Hanf und Jute)	Kunstseide	Kamm- und Streichgarne
Sehr gleichmäßig . .	über 95	über 88	über 97	hinreichende Erfahrungswerte liegen zurzeit noch nicht vor.
Gleichmäßig	92—95	84—88	95—97	
Mindergleichmäßig . .	88—92	80—84	90—95	
Ungleichmäßig	unter 88	unter 80	unter 90	

34. Durchschnittliche Drehungskoeffizienten einiger Gespinste.

Der Drehungskoeffizient oder die Drahtkonstante α gibt die Anzahl der Drehungen T auf 1 Zoll engl. für die Garnnummer 1 engl. bzw. auf 1 m für die Nummer 1 metr. an.

$$\alpha_{\text{engl.}} = \frac{T/1''}{\sqrt{N_e}}; \quad \alpha_{\text{metr.}} = \frac{T/1\text{m}}{\sqrt{N_m}}$$

	$\alpha_{\text{metr.}}$	$\alpha_{\text{engl.}}$ [1]
Baumwollgespinste[2]:		
Grobflyer, bei bester ägyptischer Mako oder langer Georgia (Sea-Island) . . .	23	0,75
„ bei ganz kurzer ostindischer Bw. . .	39	1,30
Feinflyer, bei bester Mako, Sea-Island usw. .	27	0,90
„ bei kurzer ostindischer Baumwolle	41	1,35
Docht- und weiche Abfallgarne, äußerst weich gesponnen.	60	2,00
Strumpf- und Trikotgarne	76	2,50
Garne für Strickerei und Zwirnerei auf Mulemaschinen	85	2,75
Schuß- oder Einschlaggarne (Wefttwist) . . .	99	3,25
Kette auf Mulemaschinen, sog. „kleine Kette", „Mulekette" oder „Halbkette"	113	3,75
Gewöhnliche Kette zu mechan. Webstühlen .	112—122	3,7—4,0
Kette auf Watermaschinen, hart gesponnen .	122—136	4,0—4,5
Kritischer Zustand nach E. Müller	183	6,00
Flachsgespinste:		
Vorgarne aus Langflachs	20—25	0,4—0,5
„ „ Werg	30	0,6
Linegarne, Kette	101	2,0
„ , Schuß	86	1,7
„ , kritischer Zustand nach E. Müller	102	2,02
„ , „ „ nach Strößner	85	1,68
Towgarne, Kette.	111	2,2
„ , Schuß	96	1,9
„ , kritischer Zustand nach Strößner	98	1,94
Jutegespinste:		
Vorgarn ⎫	38— 76	0,75—1,50
Schußgarn ⎬ nach E. Müller u. Pfuhl . .	63— 82	1,25—1,63
Halbkette ⎬	88—108	1,75—2,13
Kette ⎭	114—146	2,25—2,88
Kritischer Zustand nach Rudolph	82— 98	1,62—1,94

[1] Da die engl. Baumwollnummer auf 840, die engl. Leinen-, Hanf- und Jutenummer dagegen auf 300 Yards bezogen wird, sind die angegebenen engl. Drahtkonstanten nicht direkt miteinander vergleichbar. Es ist

für Baumwollgarne: $\alpha_{\text{metr.}} = \mathbf{30{,}24} \cdot \alpha_{\text{engl.}}$
für Bastfasergarne: $\alpha_{\text{metr.}} = \mathbf{50{,}62} \cdot \alpha_{\text{engl.}}$

[2] Für die Vorgespinste schwankt die Drahtkonstante je nach der Stapellänge ziemlich stark; bei den Garnen gelten die angeführten Werte für einen mittleren Stapel von 25—30 mm. Ist der Stapel kürzer, wie z. B. bei ostindischer Baumwolle, so ist etwa 10% mehr Draht, bei längerem Stapel dagegen (Mako, Sea-Island) 8—10% weniger Drehung zu geben.

Tabelle 34 (Fortsetzung).

	αmetr.
Streichgarne:	
Kette ⎰ nach E. Müller	103
Schuß ⎱	52
Kammgarne:	
nach **Preu**	
1. für Wolle mit verhältnismäßig viel kurzen Fasern, die bis zu 10% Kämmling geben:	
Sehr weiches Schußgarn	40
Gewöhnliches Schußgarn	60
Mediogarn	65—70
Kettgarn.	80—100
Zwirn	60—100
2. für lange, grobe Wollen, mit wenig kurzen Fasern, die höchstens 5% Kämmling geben:	
Trikotgarne	30
Kettgarne	50
nach E. Müller	
Strumpfgarn aus langer Wolle	45
Weiches Schußgarn	60
Halbkettgarn (weiche Kette oder Schuß) .	75
Festgedrehtes Kettgarn aus Merinowolle (oft Linksdraht)	85
Kritischer Zustand	135
Kamelhaargarne:	
Kritischer Zustand für Einzelgarne . . .	100—120
„　　　„　　„ Zwirne	150—170
(nach G. Herzog)	
Florettseidengarne:	
Güteklasse　Faserlänge　Garnnummer, metr.	
A　　150 mm　　140—400	16
B　　100 mm　　80—160	20
C　　70 mm　　80—140	26
D　　50 mm　　80—120	32
Bouretteseidengarne[1]:	
Äußerst weich gesponnene Garne	82
Weiche Garne	90
Sehr hart gedrehte Garne	100
Kunstseidengarne[2]:	
Kette:　150—250 Drehungen auf 1 m	—
Schuß:　90—120　　„　　　„ 1 m	—

---

[1] Bei zweidrähtigen Garnen erhalten die Einzelfäden 10—25%, bei dreidrähtigen Garnen etwa 40—50% weniger Drehung.

[2] Bei Kunstseidengarnen wird nur die Anzahl der Drehungen auf 1 m, nicht aber die Drahtkonstante angegeben.

35. Spezifische Gewichte der wichtigsten Faserstoffe in g/ccm.

Baumwolle	1,470—1,503
Flachs	1,438—1,456
Hanf	1,480
Brennessel, gebleicht	1,500
Ramie, gebleicht	1,500
Jute	1,436
Schafwolle	1,320
Echte Seide, entbastet	1,370
Kunstseide	
(Nitrat-, Kupfer-, Viskose-) .	1,520 (1,501—1,610)
(Azetat-, acetonlöslich)	1,333
Asbest, kanadischer	2,410
„ , blauer	3,020

36. Scheinbare spezifische Gewichte und Luftgehalte verschiedener Textilien und Papiere.

	Scheinbare Dichte σ g/ccm	Luftgehalt Vol.- Prozent
Einzelfasern:		
Faser im gebündelten Stroh	0,017	98,8
„ „ einzelnen Halm	0,080	94,5
„ „ Schwingflachs i. M.	0,109	92,5
„ „ „ leicht	0,090	93,7
„ „ „ schwer	0,128	91,2
„ „ rohen Einzelfaden (Kette) . .	1,076	25,8
Einzelne Faserzelle	1,370	5,5
Faserwandung (= wirkl. spez. Gew. der Faser)	1,450	0,0
Viskoseluftseiden-Einzelfaser	1,370	9,9
Azetatluftseiden-Einzelfaser	0,852	35,4
Pflanzendune (Kapok)	0,279	81,4
Pflanzenseide (Akon)	0,347	75,1
(zum Vergl. Kork mit $s_{\mathrm{wirkl.}} = 0,80$. .	0,240	70,0)
Garne:		
Flachskettgarne, alle Nummern i. M. .	1,096	26,9
„ , N_e 20— 40	1,030	31,3
„ , N_e 50— 90	1,109	26,0
„ , N_e 100—210	1,194	20,4
Baumwollgarne		
1. hart gedrehte Kettgarne von Watermaschinen ($\alpha_{\mathrm{engl.}} = 4,0$—4,5) alle Nummern ($N_e$ 20—80)	0,913	39,1
2. weich gedrehte Garne von Mulemaschinen ($\alpha_{\mathrm{engl.}} = 2,0$—3,5)		
grobe Nummern (N_e 20—80) . . .	0,518	65,4
mittlere „ (N_e 80—140/1) . .	0,692	53,9
feine „ (N_e 150/1—200/1) .	0,921	38,6
Streichgarne, N_m 9—20	0,708	46,3
Kammgarne, N_m 13—80	0,717	45,7

The left margin of the Einzelfasern section is braced with the vertical label: **Flachsfaser während der Gewinnung und Verarbeitung**

Tabelle 36 (Fortsetzung).

	Scheinbare Dichte σ g/ccm	Luftgehalt Vol.-Prozent
Kunstseidengarne, 80—120 den. . . .	0,737	51,8
Seidengarne (ital. Trame, 100—300 den.)	0,478	65,1
Kunstbändchen aus Viskose,		
schlicht	0,111	92,7
geknittert	0,041	97,3
Gewebe:		
Leinengewebe, glatt	0,803	45,0 u. mehr
Baumwollgewebe, glatt	0,525—0,675	55—65
,, , gerauht (Flanell) . .	0,300	bis 80,0
Kammgarngewebe	0,528	60,0
Streichgarngewebe	0,264—0,396	70—80
Trikotstoffe und dünne Gewebe für die		
Unterkleidung	—	60—80
Papiere (unbeschwert):		
Löschpapier, sehr locker gearbeitet . .	0,330	78
deutsches Banknotenpapier	0,750	50
Buchdruckpapier	0,970	35
sehr dichtes Papier (Pergamin)	1,350	10
Cellophan und Transparit ($s_{wirkl.} = 1,52$)	1,420	6,5
wenig gemahlenes Zellulosepapier,		
ungepreßt	0,420	72
gepreßt auf 200 kg/qcm	0,840	44
,, ,, 6000 kg/qcm	1,265	15
stark gemahlenes Zellulosepapier,		
ungepreßt	0,885	41
gepreßt auf 200 kg/qcm	1,100	26
,, ,, 6000 kg/qcm	1,300	13

37. Formeln zur Berechnung des Luftgehaltes (= Porosität) von Gespinsten in % des Fadenvolumens.

A.

$$L = \frac{100 \cdot (s - \sigma)}{s}$$

$$\sigma = \frac{1{,}27323}{N \cdot d^2} = \frac{0{,}00014147 \cdot Den.}{d^2}$$

$$\log 0{,}00014147 = 0{,}150664 - 4$$

B.

$$L = 100 - \frac{127{,}323}{N \cdot s \cdot d^2}$$

$$\log 127{,}323 = 2{,}104906$$

Für $s = 1{,}32$ g (Schafwolle):

$$L = 100 - \frac{96{,}457}{N \cdot d^2}$$

$$\log\ 96{,}457 = 1{,}984333$$

Für $s = 1{,}33$ g (Azetatseide):

$$L = 100 - \frac{95{,}732}{N \cdot d^2}$$

$$\log\ 95{,}732 = 1{,}981055$$

Für $s = 1{,}37$ g (Echte Seide):

$$L = 100 - \frac{92{,}937}{N \cdot d^2}$$

$$\log\ 92{,}937 = 1{,}968189$$

Für $s = 1{,}50$ g (Baumwolle, Flachs):

$$L = 100 - \frac{84{,}882}{N \cdot d^2}$$

$$\log\ 84{,}882 = 1{,}928847$$

Für $s = 1{,}52$ g (Viskose-, Kupfer- und Nitratseide):

$$L = 100 - \frac{83{,}765}{N \cdot d^2}$$

$$\log\ 83{,}765 = 1{,}923063$$

C.

$$L = 100 - \frac{0{,}014147 \cdot Den.}{s \cdot d^2}$$

$$\log 0{,}014147 = 0{,}150664 - 2$$

Für $s = 1{,}33$ g (Azetatseide):

$$L = 100 - \frac{0{,}0106368 \cdot Den.}{d^2}$$

$$\log 0{,}0106368 = 0{,}026811 - 2$$

Für $s = 1{,}52$ g (Viskose-, Kupfer- und Nitratseide):

$$L = 100 - \frac{0{,}00930736 \cdot Den.}{d^2}$$

$$\log 0{,}00930736 = 0{,}968824 - 3$$

Bedeutung der Buchstaben: L = Luftgehalt des Fadens in Volumprozent; s = wirkliches spezifisches Gewicht der Fasersubstanz in g/ccm; σ = scheinbares spezifisches Gewicht des Fadens in g/ccm; N = metrische Fadennummer; d = Fadendurchmesser in Millimeter; $Den.$ = Fadenfeinheit in legalen Deniers.

38a. Mittlere spezifische Wärmen verschiedener Faserstoffe.

(Nach Dietz und Meltzer.)

c_p = diejenige Wärmemenge, die nötig ist, um 1 kg des Faserstoffs um 1^0 C in der Temperatur zu erhöhen.

Faserstoff	$c_p \left(\dfrac{\text{kcal}}{\text{kg} \cdot {}^0\text{C}} \right)$ gültig zwischen 0—100⁰ C
Baumwolle	0,315—0,319
Akon und Kapok	0,324
Flachs	0,321
Hanf	0,323
Jute	0,324
Nessel	0,321
Manilahanf	0,322
Sisalhanf	0,317
Schafwolle nach Dietz	0,325—0,326
„ „ Meltzer	0,393—0,459
Echte Seide, roh und entbastet	0,331
Kunstseide (Pauly)	0,324
Glaswolle	0,157
Asbest	0,251
Papiere (je nach Füllstoffgehalt)	0,275—0,315
Sulfitzellstoff	0,319
Sulfatzellstoff nach Dietz	0,323
„ „ Meltzer	0,315
Strohzellstoff nach Dietz	0,325
„ „ Meltzer	0,315—0,316
Nadelholzschliff nach Dietz	0,327
„ „ Meltzer	0,324
Hierüber zum Vergleich:	
Wasser	1,000
Luft bei konstantem Druck	0,240
„ „ „ Volumen	0,172
Kaolin (als Füllstoff für Papier)	0,226
Ziegelstein	0,220
Aluminium	0,218
Eisen	0,115
Kupfer	0,0919
Silber	0,0567

38b. Mittlere Wärmeleitzahlen einiger Faserstoffe.

(Nach Nusselt und Gröber.)

$\lambda =$ die stündlich durch 1 qm Fläche des Stoffes zu einer anderen im Abstand von 1 m übertretende Wärmemenge bei 1° C Temperaturunterschied der beiden Flächen.

Faserstoff	$\lambda \left(\dfrac{kcal}{m^2 \cdot h \cdot {}^{\circ}C} \right)$		
	bei einer Temperatur von:		
	50° C	100° C	150° C
Schafwolle	0,042	0,050	
Seide	0,045	0,051	
Baumwolle	0,054	0,059	
Asbest	0,153	0,167	0,175
Papier und Zellstoff . .		0,055	
Hierüber zum Vergleich:			
Luft	0,0211	0,0233	0,0254
Aluminium		175	
Eisen		50—60	
Kupfer		320—345	

Je kleiner die Wärmeleitzahl, desto größer die Isolierfähigkeit des Stoffes; je größer die Wärmeleitzahl, desto geeigneter ist das Material für Wärmedurchgang, also Heizwirkung.

38c. Mittlere Wärmestrahlungskonstante einiger Textilien.

$C =$ die stündlich von 1 qm Oberfläche des Stoffes bei 1° C Temperaturunterschied ausgestrahlte Wärmemenge.

Material	$C \left(\dfrac{kcal}{m^2 \cdot h \cdot ({}^{\circ} C)^4} \right)$
Baumwollzeug	3,82 ⎫ nahezu
Seidenstoff	3,87 ⎬ gleich
Wollstoff.	3,87 ⎭
hierüber zum Vergleich:	
absolut schwarzer Körper . . .	4,96
Gußeisen, rauh, stark oxydiert .	4,39
Messing, blank	1,05
Kupfer, schwach poliert . . .	0,79

39. Zusammenstellung der zur Berechnung der wirklichen Querschnittsfläche, der Feinheit und der Völligkeit von Kunstseide nötigen Zahlenangaben.

I. Wirkliche Querschnittsfläche der Einzelfaser in $q\mu$, berechnet aus der mittels des Zeichenapparates hergestellten und ausgemessenen Querschnittszeichnung.

	Wirkliche Fläche in $q\mu^1$ von 1 qcm der Querschnittszeichnung bei einer linearen Vergrößerung				
	100	250	500	1000	1500
Fläche . .	10 000	1 600	400	100	44,444
Log. Fläche	4	3,204 120	2,602 060	2	1,647 813

^{1} 1 $q\mu$ = 0,000 001 qmm.

II. Feinheit, berechnet aus der wirklichen Querschnittsfläche der Einzelfaser.

1. Legaler Titer in Deniers.

   a) Für Nitrat-, Viskose- und Kupferseide (spezifisches Gewicht 1,52 g/ccm, Korrektionsfaktor 0,93):

$$\text{Titer} = 0,012\,7224 \cdot F$$
$$\text{Log. } 0,012\,7224 = 0,104\,569{-}2$$

   b) Für Azetatseide (spezifisches Gewicht 1,33 g/ccm, Korrektionsfaktor 0,93):

$$\text{Titer} = 0,011\,1321 \cdot F$$
$$\text{Log. } 0,011\,1321 = 0,046\,577{-}2$$

F = wirkliche Querschnittsfläche der Faser in $q\mu$.

2. Metrische Nummer (Anzahl der Fadenkilometer, die 1 kg wiegen).

   a) Für Nitrat-, Viskose- und Kupferseide:

$$\text{Metrische Nummer} = \frac{657\,895}{F}$$
$$\text{Log. } 657\,895 = 5,818\,156$$

   b) Für Azetatseide:

$$\text{Metrische Nummer} = \frac{751\,880}{F}$$
$$\text{Log. } 751\,880 = 5,876\,148$$

F = wie oben.

III. Völligkeit (V) des Querschnitts in Prozent:

$$V = 127,32 \cdot \frac{F}{B^2} \quad \text{oder} \quad V = 9307 \cdot \frac{\text{Legaler Titer}}{B^2}$$
$$\text{Log. } 127,32 = 2,104\,896$$
$$\text{Log. } 9307 = 3,968\,810$$

F = wie oben; B = maximale Breite des Faserquerschnittes in μ.

40. Zusammenstellung der Faktoren zur Berechnung der metrischen Nummer der Einzelfaser aus der wirklichen Querschnittsfläche und dem spezifischen Gewicht:

$$\text{Metrische Nummer} = \frac{\text{Faktor}}{\text{wirkliche Querschnittsfläche in q}\mu}\,{}^{1}$$

$$\left(\text{Faktor} = \frac{1\,000\,000}{\text{spezifisches Gewicht}}\right)$$

Spez.Gewicht der Faser	Faktor	Log. Faktor	Faserstoff
1,32	757 575	5,879 426	Schafwolle, markfrei
1,33	751 880	5,876 148	Azetatseide
1,37	729 927	5,863 279	Naturseide
1,50	666 667	5,823 909	Pflanzenfasern
1,52	657 895	5,818 156	Nitrat-, Viskose- und Kupferseide

[1] Ohne Berücksichtigung des Korrektionsfaktors K, da dieser von der jeweiligen Genauigkeit der Querschnittsherstellung und -zeichnung abhängig ist.

41. Formeln zur Berechnung der rektifizierten Querschnittsfläche von Einzelfasern.

$F =$ Querschnittsfläche der Faserwand in qμ.

$f =$ Rektifizierte Querschnittsfläche des Faserlumens (auf die Kreisform bezogen) in qμ.

$u =$ Umfang des Lumens in μ (auf der Querschnittszeichnung mit dem Meßrädchen zu bestimmen).

$x =$ **Anteil des rektifizierten Lumens** an der auf die Kreisform bezogenen Gesamtquerschnittsfläche der Faser (Lumen als Kreis, Wandfläche als Ringe) in %.

$\delta =$ **Rektifizierter äußerer Durchmesser der Faser** in μ.

$\delta_1 =$ Rektifizierter innerer (Lumen-)Durchmesser der Faser in μ.

$\varDelta =$ Mittlerer Durchmesser der Faser in μ.

$d =$ Dicke der Faser in μ (auf dem Faserquerschnitt zu messen).

$b =$ Breite der Faser in μ (auf dem Faserquerschnitt zu messen).

$w =$ **Mittlere Wanddicke der Faser in** μ.

$$f = 0{,}079\,578 \cdot u^2 \qquad \log.\ 0{,}079\,578 = 0{,}900\,793\text{---}2$$

$$x = 100 \cdot \frac{f}{F+f}$$

$$\delta = \sqrt{0{,}101\,324 \cdot u^2 + 1{,}273\,23 \cdot F}$$

$$\log.\ 0{,}101\,324 = 0{,}005\,712\text{---}1$$

$$\varDelta = \frac{b+d}{2} \qquad \log.\ 1{,}273\,23 = 0{,}104\,906$$

$$\delta_1 = \sqrt{1{,}273\,23 \cdot f} \qquad \log.\ 1{,}273\,23 = 0{,}104\,906$$

$$w = \frac{\delta - \delta_1}{2}$$

Für Fasern ohne Lumen:

$$\delta = \sqrt{1{,}27323 \cdot F} \qquad \log.\ 1{,}273\,23 = 0{,}104\,906$$

42. Tabelle zur Nummerbestimmung von Leinen- und Baumwollgarnen aus der Anzahl der Einzelfasern im Gespinstquerschnitt.

(Nach E. Wagner.)

Leinengarne				Baumwollgarne			
Anzahl der Fasern im Garnquerschnitt	Kond. engl. Flachsgarnnummer	Kond. engl. Flachsgarnnummer	Anzahl der Fasern im Garnquerschnitt	Anzahl der Fasern im Garnquerschnitt	Kond. engl. Baumwollnummer	Kond. engl. Baumwollnummer	Anzahl der Fasern im Garnquerschnitt
z	N_e	N_e	z	z	N_e	N_e	z
38	216	20	210	22	188	20	157
40	206	25	195	24	166	22	145
		30	184	26	152	24	135
42	196	35	172	28	140	26	125
44	186	40	161	30	130	28	117
46	180	45	151			30	110
48	170	50	142	32	121		
50	164			34	112	32	104
		55	133	36	105	34	99
52	157	60	125	38	99,5	36	94
54	150	65	117	40	94,0	38	89
56	145	70	110			40	85
58	140	75	103	42	89,0		
60	134	80	97	44	84,5	44	79
		85	92	46	80,5	48	73
62	130	90	87	48	76,7	50	70
64	125	95	83	50	73,2	52	68
66	120	100	79			56	63
68	116			55	66,0	60	59
70	114	110	72	60	59,0		
		120	66	65	54,8	64	56
75	106	130	62	70	50,1	68	53
80	98,5	140	58	75	46,5	70	52
85	92,5	150	54	80	43,1	72	51
90	86,8			85	40,2	76	48
95	82,0	160	51	90	37,7	80	46
100	77,4	170	48	95	35,4		
		180	46	100	33,5	84	44
105	73,5	190	43			88	42
110	70,0	200	41	110	30,1	90	41
115	66,0			120	27,2	92	40
120	63,1	210	39	130	24,8	96	39
125	60,0			140	23,0	100	38
130	57,0			150	21,2		
135	54,0					110	35
140	51,2			160	19,5	120	32
145	48,5			170	18,3	130	30
150	45,5			180	17,1	140	28
				190	16,0	150	26
160	40,5			200	15,0		
170	36,0					160	25
180	31,5					170	24
195	25,0					180	23
						190	22
210	20,0					200	21

43. Hilfswerte zur mikroskopischen Analyse von Fasergemengen.

Zur Umrechnung des nach der Gelatineauszählmethode von A. Herzog gefundenen Zahlenverhältnisses der Faserkomponenten in Gewichtsprozente dienen folgende Formeln:

$$x = \text{Gewichtsprozent der Fasersorte } A = \frac{100 \cdot a \cdot g_a}{(a \cdot g_a + b \cdot g_b)}$$

$$y = \text{Gewichtsprozent der Fasersorte } B = \frac{100 \cdot b \cdot g_b}{(a \cdot g_a + b \cdot g_b)} \, .$$

Hierbei bedeuten:

$a = $ die Anzahl der gefundenen Fasern der Sorte A

$b = $ „   „   „   „   „   „   „ B

$g_a = $ das Gewicht von 1 m der Faser A in mg

$g_b = $ „   „   „   1 „   „   „ B „   „

Für die in den obigen Formeln einzusetzenden Metergewichte g der Fasern in Milligramm sind die in nachstehender Tabelle zusammengestellten Durchschnittswerte anzunehmen:

Faserstoff	Metergewicht der Faser in Milligramm
Flachs, kotonisiert	0,160
Baumwolle, mittelgute Sorte . . .	0,200
Echte Seide, Einzelfaser[1]	0,145
Viskose-, Kupfer- und Nitratseide .	$0{,}001\,414 \cdot F$ [2]
Azetatseide	$0{,}001\,237 \cdot F$ [2]
Schafwolle	$0{,}001\,021 \cdot d^2$ *

[1] Der mittlere Titer der Kokonfäden (roh, aus zwei Einzelfasern bestehend) beträgt in Deniers:

Kanton	1 —1½ den.
Shanghai	1¼—1¾ „
Italien (reingelbe Rasse) und Syrien .	2¼—2¾ „
Italien (Kreuzung mit China)	2½—3 „
Brussah	2½—3¼ „
Italien, Kreuzung mit Japan	2¾—3¼ „
Japan, weiße Rasse	2½—3¼ „
Zentralasien, weißliche Rasse	2 —3½ „

[2] $F = $ die bei 1500facher linearer Vergrößerung gemessene Faserquerschnittsfläche in Quadratmikromillimetern (1 qμ = 0,000 001 qmm).

* $d = $ der Faserdurchmesser in Mikromillimetern (1 μ = 0,001 mm).

44. Allgemeine Anhaltspunkte zur Auffindung von Kett- und Schußrichtung bei Geweben, wo die Webkante (Sahlleiste, Webrand) fehlt.

Zu beachten:	Kettrichtung	Schußrichtung
Einzelfäden	stark gedreht, zuweilen gezwirnt, meist Rechtsdraht oft feiner, insbesondere in billigeren Waren in der Regel glatt, hart und steif, geschlichtet oder gestärkt gestreckt	schwach gedreht, ungezwirnt (einfach), mitunter Linksdraht meist gröber, dicker und voluminöser ungeschlichtet und weich wellenförmig
Faden-stellung	Fäden in gleichmäßigen Abständen, fast genau parallel nebeneinanderliegend Rietblattmarken oder Rohrstreifen oft als kleine Lücken in regelmäßigen Abständen nach 2, 3 oder 4 Fäden sichtbar insbesondere bei leichteren Qualitäten mit einfacher Bindung	Fäden ungleichmäßig dicht liegend, bogig, leicht gewellt und stellenweise übereinandergeschoben keine Rietstreifen oder Blattzüge zu erkennen
Bindung und Musterung	bei einseitig gestreifter Ware: Streifen in Kettrichtung bei karierter Ware: Karoseiten verschieden lang durch das wechselnde Einschlagen des Schusses (ungleiche Dichte). Tritt besonders bei Musterwiederholungen in Erscheinung bei karierten Geweben: farbige Streifen in geraden und in ungeraden Fadenanzahlen bei gazebindigen Geweben (Drehergeweben): Umschlingen der Fäden	keine Streifen Die in der Schußrichtung liegenden Karoseiten sind gleich lang, bzw. zeigen die beiden Karokantenkettfäden gleiche Abstände voneinander (Vergleich mehrerer Rapporte bes. bei kleinkarierten Stoffen notwendig). farbige Streifen nur in geraden Fadenzahlen (ungerade Fadenzahlen erfordern beiderseitigen Schützenwechsel, daher selten) kein Umschlingen der Fäden
Veredelung	Lage des Striches beim Rauhen, Scheren, Walken, Bürsten usw. in Kettrichtung (ausgenommen bei Querschermaschine)	Die einzelnen Fäserchen liegen quer zur Schußrichtung
Rohmaterial	qualitativ wertvolleres Fasergut, lange Gespinstfasern bei halbwollenen Waren: meist Baumwolle in Kette bei Halbleinen: in 90% aller Fälle Baumwolle als Kette, da leichter und billiger zu verarbeiten	minderwertigeres, kurzes und oft gemischtes Fasermaterial meist Wolle, Baumwollabfall oder Kunstwolle im Schuß Schuß aus Leinen- oder besseren Werggarnen bestehend

45. Formeln für die mechanisch-technologische und physikalische Prüfung von Gespinsten und Geweben.

1. **Metrische Nummer** (N_m):

$$N_m = \frac{L}{G}; \quad N_m = \frac{9000}{\text{Legaler Titer}};$$

$L = $ Fadenlänge in Meter; $G = $ Fadengewicht in Gramm.

2. **Garnnummer bei Dublierungen** (N):

$$N = \frac{N_1 \cdot N_2}{N_1 + N_2}, \text{ zwei Nummern dubliert;}$$

$$N = \frac{N_1 \cdot N_2 \cdot N_3}{N_1 \cdot N_2 + N_1 \cdot N_3 + N_2 \cdot N_3}, \text{ drei Nummern dubliert;}$$

$N = $ Durchschnittsnummer; N_1, N_2, $N_3 = $ zusammengegebene Einzelnummern.

3. **Garnnummer** (N) **und Materialfeuchtigkeit** (w):

$$N_w = N_o \cdot \frac{100}{100 + w};$$

$N_o = $ Feinheitsnummer für das vollständig getrocknete Material;
$N_w = $ Feinheitsnummer für das Garn mit w Prozent Wassergehalt (bezogen auf die Trockensubstanz).

$$N_w = N_{w1} \cdot \frac{(100 + w_1)}{(100 + w)};$$

$N_w = $ Feinheitsnummer für das Garn mit w Prozent Feuchtigkeit;
$N_{w1} = $ „   „   „   „   „ w_1 „   „   .

4. **Änderung der Garnnummer bei Gewichtsabgängen** (z. B. Bleichverlust):

$$N_{\text{roh}} \cdot \frac{100}{100 - p} = N_{\text{gebl.}};$$

$p = $ Bleichverlust bzw. Gewichtsabgang in Prozent:

5. **Handelsgewicht** (H) **für 100 Teile lufttrockene Faser:**

$$H = 100 + r - w_1 \cdot \left(1 + \frac{r}{100}\right) = (100 - w_1) \cdot \left(1 + \frac{r}{100}\right);$$

$r = $ zulässiger Prozentsatz Feuchtigkeit (Reprise);
$w_1 = $ Wassergehalt in Prozent, bezogen auf die lufttrockene Faser.

6. **Wassergehalt in Prozent:**

$$w = \frac{100 \cdot w_1}{100 - w_1}; \quad w_1 = \frac{100 \cdot w}{100 + w};$$

$w = $ Wassergehalt, bezogen auf das absolut trockene Material;
$w_1 = $ „   „   „   „   „ lufttrockene   „   .

7. **Feuchtigkeitsgehalt** (w) **eines Faserstoffes bei wechselnder Luftfeuchtigkeit** (φ) **nach E. Müller.**

$$w = (a + b \cdot \varphi) \cdot \sqrt[4]{100 - t};$$

$w =$ Wassergehalt in Prozent, bezogen auf das absolut trockene
Material;

$\varphi =$ relative Luftfeuchtigkeit in Prozent;

$t =$ Lufttemperatur in Grad Celsius;

$a,\ b =$ Materialkonstanten:

	a	b
für Baumwolle	$a = 0{,}8067$	$b = 0{,}029\,12$
„ Flachs	1,233	0,030 55
„ Seide	2,188	0,016 40
„ Kammzug und gewaschene Wolle	2,800	0,029 38
„ ungewaschene Wolle	0,0	0,074 13

8. **Reißlänge (R) in Meter:**

für Gespinste: $R = N_m \cdot P$;

$N_m =$ metrische Garnnummer; $P =$ Fadenfestigkeit in Gramm;

für Gewebestreifen: $R = \dfrac{P \cdot 1000}{G \cdot B}$;

$P =$ Bruchbelastung in Gramm; $G =$ Quadratmetergewicht in
Gramm; $B =$ Breite des Probestreifens in Millimeter.

9. **Spezifische Festigkeit (p) in Kilogramm für den Quadrat-
millimeter der Substanz:**

$$p = R \cdot s;$$

$R =$ Reißlänge in Kilometer; $s =$ wirkliches spezifisches Gewicht in Gramm-Kubikzentimeter.

10. **Gütezahl (p_1) für Seide und Kunstseide ($=$ Festigkeit pro 1 Denier
in Gramm):**

$$p_1 = \frac{P}{T} = \frac{R}{9};$$

$P =$ Fadenfestigkeit in Gramm; $T =$ legaler Titer des Fadens
in Deniers;

$R =$ Reißlänge in Kilometer.

11. **Dehnung (δ) in Prozent:**

$$\delta = \frac{l' - l}{l} \cdot 100 = \frac{\varDelta l}{l} \cdot 100;$$

$l =$ ursprüngliche Fadenlänge $=$ Einspannlänge in Millimeter;
$l' =$ Länge des gedehnten Fadens in Millimeter;
$\varDelta l =$ absoluter Betrag an Dehnung ($=$ Längenänderung) in
Millimeter.

12. **Bleibende Dehnung $(\delta_{bl.})$ in Prozent:**

$\delta_{bl.} = \delta_{ges.} - \delta_{el.}$;

$\delta_{ges.} =$ Gesamtdehnung in Prozent; $\delta_{el.} =$ elastische, d. i. die
bei Entlastung wieder zurückgehende Dehnung in Prozent.

13. **Elastizitätsgrad (E):**

$$E = \frac{\delta_{el.}}{\delta_{ges.}} \qquad (\text{Vollkommene Elastizität: } E = 1).$$

14. Zähigkeit oder Völligkeitswert (η):

$$\eta = \frac{\text{Fläche des Belastungs-Dehnungs-Diagramms}}{\text{Bruchbelastung} \times \text{Bruchdehnung}} = \frac{K_m}{P};$$

$P =$ Bruchbelastung in Gramm; $K_m =$ mittlere Zugkraft in Gramm (durch Ausplanimetrieren des Zerreißdiagramms zu bestimmen).

15. Spezifische Zerreißarbeit (= Arbeitsmodul) in Meterkilogramm für 1 Gramm der Substanz (A_o):

$$A_o = \frac{\eta \cdot R \cdot \delta}{100};$$

$\eta =$ Völligkeitsgrad, Völligkeitsziffer oder Zähigkeit;
$R =$ Reißlänge in Kilometer; $\delta =$ Bruchdehnung in Prozent.

16. Gleichmäßigkeitsgrad (G) in Prozent:

$$G = \frac{UM}{M} \cdot 100;$$

$UM =$ arithmetisches Untermittel; $M =$ arithmetisches Gesamtmittel.

17. Ungleichmäßigkeitsgrad (U) in Prozent:

$$U = \frac{M - UM}{M} \cdot 100 = \frac{100 \cdot d}{M} = 100 - G;$$

$d =$ Differenz zwischen dem Gesamtmittel (M) und dem Untermittel (UM); $G =$ Gleichmäßigkeitsgrad in Prozent.

18. Drahtkonstante oder Güteverhältnis (α):

$$\alpha_{\text{engl.}} = \frac{T/1'' \text{ engl.}}{\sqrt{N_e}}; \quad \alpha_{\text{metr.}} = \frac{T/1 \text{ m}}{\sqrt{N_m}};$$

$$\alpha_{\text{metr.}} = 30{,}24 \cdot \alpha_{\text{engl.}_{\text{Baumwolle}}} = 50{,}62 \cdot \alpha_{\text{engl.}_{\text{Flachs}}};$$

$T =$ Anzahl der Garndrehungen pro Längeneinheit;
$N_e =$ englische Baumwoll- bzw. Leinennummer;
$N_m =$ metrische Garnnummer.

19. Garndrehung (T) für 1 Zoll engl. oder 1 Meter:
$T = \frac{1}{2} \cdot (n_r - n_v)$ Methode nach Marschik;
  $n_r =$ Anzahl der Rückdrehungen je Längeneinheit bis zum Bruch;
  $n_v =$ Anzahl der Vorwärtsdrehungen je Längeneinheit bis zum Bruch;
  $T =$ gesuchte Anzahl der Fadendrehungen je Längeneinheit;

$$T/1'' \text{ engl.} = \frac{25{,}4 \cdot k}{\pi \cdot \text{ctg}\,\varphi \cdot d}$$

$$T/1 \text{ m} = \frac{1000 \cdot k}{\pi \cdot \text{ctg}\,\varphi \cdot d} \quad \text{Methode nach A. Herzog;}$$

  $\varphi =$ mittlerer Faserneigungswinkel gegen die Fadenlängsachse in Grad;

$$d = \text{mittlerer Garndurchmesser in Millimeter;}$$
$$k = \text{Korrektionsfaktor} = 1{,}144;$$
$$T/1\,\text{m} = 39{,}37 \cdot T/1'' \text{ engl.}$$

20. **Torsionsverhältnis** (τ) **nach Marschik in Prozent:**

$$\tau = \frac{T}{T + n_v} \cdot 100;$$

$T =$ Anfangsdrehung (= Spinndrehung und evtl. Zwirndrehung) je 100 mm;

$n_v =$ Anzahl der zusätzlichen Vorwärtsdrehungen bis zum Bruch je 100 mm.

21. **Scheinbares spezifisches Gewicht** (σ) **in Gramm/Kubikzentimeter**

für **Gespinste:** $\sigma = \dfrac{4}{\pi \cdot N \cdot d^2} = \dfrac{1{,}273\,23}{N \cdot d^2} = \dfrac{0{,}141\,47 \cdot T}{1000 \cdot d^2};$

$N =$ metrische Nummer des Gespinstes;
$d =$ Durchmesser des Fadens in Millimeter;
$T =$ Fadentiter in Deniers.

für **Gewebe:** $\sigma = \dfrac{G}{1000 \cdot d};$

$G =$ Quadratmetergewicht in Gramm;
$d =$ Gewebedicke in Millimeter.

22. **Luftgehalt** (L), **Porenvolumen, Porositätsgrad eines Gespinstes oder Gewebes in Vol-%** (vgl. hierzu auch S. 120):

$$L = \frac{100 \cdot (s - \sigma)}{s};$$

$s =$ wirkliches spezifisches Gewicht in Gramm/Kubikzentimeter;
$\sigma =$ scheinbares spezifisches Gewicht in Gramm/Kubikzentimeter.

23. **Materialvölligkeit** (V) **eines Gespinstes oder Gewebes in Vol.-%:**

$$V = \frac{100 \cdot \sigma}{s} = 100 - L;$$

$L =$ Luftgehalt in Vol.-%.

24. **Völligkeitsgrad von Kunstseidenquerschnitten** (V) **in Prozent nach A. Herzog:**

$$V = \frac{127{,}323 \cdot F}{B^2};$$

$F =$ wirkliche Faserquerschnittsfläche in Quadratmikromillimeter;
$B =$ größte Faserbreite in Mikromillimeter.

25. **Rektifizierter Hauptdurchmesser** (δ) **von hohlen Fasern in Mikromillimeter** (vgl. hierzu auch S. 124):

$$\delta = \sqrt{0{,}101 \cdot u^2 + 1{,}2732 \cdot F};$$

$u =$ Umfang des Hohlraumes (Lumens) in Mikromillimeter;
$F =$ Querschnittsfläche der Faserwand in Quadratmikromillimeter.

26. **Garnbedarf** (G) in Gramm bei gegebener Warenlänge und Warenbreite:

Gewicht der Kettfäden in Gramm: $G_k = \dfrac{L \cdot f_k \cdot B}{N_{m_k}} + p_k;$

Gewicht der Schußfäden in Gramm: $G_s = \dfrac{L \cdot f_s \cdot B}{N_{m_s}} + p_s;$

Gesamtgewicht: $G = G_k + G_s$ in Gramm;

$L =$ Warenlänge in Meter; f_k und $f_s =$ Fadendichte je Zentimeter in Kett- und Schußrichtung; $B =$ Warenbreite in Zentimeter; N_{m_k} und $N_{m_s} =$ metr. Nummer der Kett- und Schußfäden; p_k und $p_s =$ Prozente für Einwebverlust, Abfall und Hülsenverlust (letzterer nur beim Schuß).

27. **Quadratmetergewicht** (G) eines Stoffes in Gramm:

$G = U \cdot (f_k/N_k + f_s/N_s) + p\,\%$ des Einwebens;

$U =$ Umrechnungsfaktor:
$= 100$ für alle Garne (metr. Nummer);
$= 59,1$ für Baumwollgarne (engl. Nummer);
$= 165,4$ für Leinengarne (engl. Nummer);
$= 88,6$ für Wollgarne (engl. Nummer);

$G = 1/90 \cdot (f_k \cdot T_k + f_s \cdot T_s) + p\,\%$ des Einwebens;

T_k und $T_s =$ legaler Titer der Kett- und Schußfäden in Deniers (für Seide und Kunstseide).

28. **Umrechnung der Fadendichte bei Garnnummeränderung:**

$f_2 = \dfrac{f_1 \cdot N_2}{N_1}$ bei gleichem **Warengewicht**;

$f_2 = \dfrac{f_1 \cdot \sqrt{N_2}}{\sqrt{N_1}}$ bei gleichem **Fadenschluß** der Ware (d. h. bei gleich dichter Warenoberfläche);

$f_1 =$ alte Fadendichte;
$f_2 =$ neue Fadendichte;
$N_1 =$ alte Garnnummer;
$N_2 =$ neue Garnnummer.

46. Maße und Gewichte.

I. Längenmaße: Log n

1 Mikromillimeter (μ)	$= 0,001$	mm	
1 Millimeter (mm) $= 1000$ Mikromillimeter (μ)	$= 0,039\,37$	engl. Zoll	$8,5952 - 10$
	$= 0,472\,4$	,, Linien	$9,6743 - 10$
1 Yard $= 3$ engl. Fuß (à 30,48 cm) . . .	$= 914,38$	mm	$2,9611$
1 Englische Linie	$= 2,116\,6$	,,	$0,3256$
1 Englischer Zoll	$= 25,399\,8$	,,	$1,4048$
1 Pariser oder französischer Zoll	$= 27,07$	,,	$1,4325$
1 Preußischer Zoll	$= 26,15$	,,	$1,3005$

Log *n*

				Log *n*
1 Sächsischer Zoll	= 23,6	mm		1,3729
1 Bayerischer Zoll	= 24,32	,,		1,3860
1 Badischer Zoll	= 30,0	,,		1,4771
1 Württembergischer Zoll	= 28,65	,,		1,4571
1 Hannoverscher Zoll	= 24,33	,,		1,3861
1 Hamburger Zoll	= 23,9	,,		1,3784
1 Österreichischer Zoll	= 26,34	,,		1,4206
1 Wiener Elle = 2,465 österr. Fuß (à 31,611 cm).	= 779,2	,,		2,8917
1 Berliner oder preußische Elle	= 666,9	,,		2,8241
1 Leipziger oder sächsiche Elle	= 565	,,		2,7521
1 Bayerische Elle	= 833	,,		2,9207
1 Böhmische Elle	= 600	,,		2,7782
1 Brabanter Elle	= 695	,,		2,8420
1 Französische Elle (Aune)	= 1188,45	,,		3,0750
1 Russischer Arschin = 16 Werschok . . .	= 711,2	,,		2,8520

II. Flächenmaße:

				Log *n*
1 Quadratmikromillimeter (qμ).	= 0,000 001	qmm		
1 Quadratyard (Square yard)	= 0,836	qm		9,9222—10
1 Quadratzoll (engl.)	= 6,4514	qcm		0,8096

III. Gewichtsmaße:

				Log *n*
1 Mikrogramm (μg)	= 0,000 001	g		
1 Milligramm (mg) = 1000 Mikrogramm. .	= 0,001	,,		
1 Gramm (g) = 1000 Milligramm				
1 Zollpfund (deutsches oder metrisches Pfund).	= 500	g		2,6990
1 Englisches Pfund (lb) = 16 Unzen (oz.) = 7000 grains (gr)	= 453,59	g		2,6567
1 Altes preußisches, sächsisches, württembergisches, altes Berliner Handelspfund .	= 467,7	,,		2,6700
1 Bayerisches Pfund	= 560	,,		2,7482
1 Wiener = österreich. Pfund = 32 Lot . .	= 560,06	,,		2,7482
1 Altes Pariser = französisches Pfund . .	= 489,5	,,		2,6898
1 Russisches Pfund = 96 Solotnik (à 96 Doli)	= 409,5	,,		2,6123
1 Legales oder internationales Denier . .	= 0,05	,,		8,6990—10
1 Altes Mailänder Grain	= 0,0511	,,		8,7084—10
1 Altes Turiner Grain.	= 0,05	,,		8,6990—10
1 Piemontesisches Grain.	= 0,053 356	,,		8,7272—10
1 Lyoner Grain	= 0,053 115	,,		8,7252—10
1 Japanische Momme	= 3,75	,,		0,5740

IV. Sonstiges:

n		Log *n*	Log 1/*n*
π . . .	3,1416	0,4971	9,5029—10
2 π . . .	6,283	0,7982	9,2018—10
4 π . . .	12,566	1,0992	8,9008—10
π : 2 . .	1,571	0,1961	9,8039—10
π : 3 . .	1,047	0,0200	9,9800—10
π : 4 . .	0,7854	9,8951—10	0,1049
π : 6 . .	0,5236	9,7190	0,2810
4 π : 3 . .	4,189	0,6221	9,3779—10
$\sqrt{\pi}$ . . .	1,772	0,2486	9,7514—10
$\sqrt{\pi : 4}$ . .	0,8862	9,9475—10	0,0525
$\sqrt[3]{4\pi : 3}$ . .	1,612	0,2074	9,7926—10
$\sqrt[3]{\pi : 6}$ . .	0,8060	9,9063—10	0,0937
π^2	9,870	0,9943	9,0057—10

47. Mantissen der Briggsschen Logarithmen (4 stellig).

N.	0	1	2	3	4	5	6	7	8	9
10	0000	0043	0086	0128	0170	0212	0253	0294	0334	0374
11	0414	0453	0492	0531	0569	0607	064$\bar{5}$	0682	0719	0755
12	0792	0828	0864	0899	0934	0969	1004	1038	1072	1106
13	1139	1173	1206	1239	1271	1303	1335	1367	1399	1430
14	1461	1492	1523	1553	1584	1614	1644	1673	1703	1732
15	1761	1790	1818	1847	1875	1903	1931	1959	1987	2014
16	2041	2068	2095	2122	2148	217$\bar{5}$	2201	2227	2253	2279
17	2304	2330	2355	2380	2405	2430	2455	2480	2504	2529
18	2553	2577	2601	262$\bar{5}$	2648	2672	2695	2718	2742	276$\bar{5}$
19	2788	2810	2833	2856	2878	2900	2923	294$\bar{5}$	2967	2989
20	3010	3032	3054	307$\bar{5}$	3096	3118	3139	3160	3181	3201
21	3222	3243	3263	3284	3304	3324	334$\bar{5}$	336$\bar{5}$	338$\bar{5}$	3404
22	3424	3444	3464	3483	3502	3522	3541	3560	3579	3598
23	3617	3636	365$\bar{5}$	3674	3692	3711	3729	3747	3766	3784
24	3802	3820	3838	3856	3874	3892	3909	3927	394$\bar{5}$	3962
25	3979	3997	4014	4031	4048	4065	4082	4099	4116	4133
26	41$\bar{5}$0	4166	4183	4200	4216	4232	4249	4265	4281	4298
27	4314	4330	4346	4362	4378	4393	4409	442$\bar{5}$	4440	4456
28	4472	4487	4502	4518	4533	4548	4564	4579	4594	4609
29	4624	4639	4654	4669	4683	4698	4713	4728	4742	4757
30	4771	4786	4800	4814	4829	4843	4857	4871	4886	4900
31	4914	4928	4942	4955	4969	4983	4997	5011	5024	5038
32	5051	5065	5079	5092	5105	5119	5132	5145	5159	5172
33	5185	5198	5211	5224	5237	5250	5263	5276	5289	5302
34	531$\bar{5}$	5328	5340	5353	5366	5378	5391	5403	5416	5428
35	5441	5453	5465	5478	5490	5502	5514	5527	5539	5551
36	5563	5575	5587	5599	5611	5623	563$\bar{5}$	5647	5658	5670
37	5682	5694	5705	5717	5729	5740	5752	5763	577$\bar{5}$	5786
38	5798	5809	5821	5832	5843	585$\bar{5}$	5866	5877	5888	5899
39	5911	5922	5933	5944	595$\bar{5}$	5966	5977	5988	5999	6010
40	6021	6031	6042	6053	6064	607$\bar{5}$	6085	6096	6107	6117
41	6128	6138	6149	6160	6170	6180	6191	6201	6212	6222
42	6232	6243	6253	6263	6274	6284	6294	6304	6314	632$\bar{5}$
43	633$\bar{5}$	634$\bar{5}$	635$\bar{5}$	636$\bar{5}$	637$\bar{5}$	638$\bar{5}$	639$\bar{5}$	640$\bar{5}$	641$\bar{5}$	642$\bar{5}$
44	643$\bar{5}$	6444	6454	6464	6474	6484	6493	6503	6513	6522
45	6532	6542	6551	6561	6571	6580	6590	6599	6609	6618
46	6628	6637	6646	6656	6665	667$\bar{5}$	6684	6693	6702	6712
47	6721	6730	6739	6749	6758	6767	6776	6785	6794	6803
48	6812	6821	6830	6839	6848	6857	6866	6875	6884	6893
49	6902	6911	6920	6928	6937	6946	6955	6964	6972	6981
50	6990	6998	7007	7016	7024	7033	7042	7050	7059	7067
51	7076	7084	7093	7101	7110	7118	7126	713$\bar{5}$	7143	7152
52	7160	7168	7177	7185	7193	7202	7210	7218	7226	723$\bar{5}$
53	7243	7251	7259	7267	7275	7284	7292	7300	7308	7316
54	7324	7332	7340	7348	7356	7364	7372	7380	7388	7396

Tabelle 47 (Fortsetzung).

N.	0	1	2	3	4	5	6	7	8	9
55	7404	7412	7419	7427	7435	7443	7451	7459	7466	7474
56	7482	7490	7497	7505	7513	7520	7528	7536	7543	7551
57	7559	7566	7574	7582	7589	7597	7604	7612	7619	7627
58	7634	7642	7649	7657	7664	7672	7679	7686	7694	7701
59	7709	7716	7723	7731	7738	7745	7752	7760	7767	7774
60	7782	7789	7796	7803	7810	7818	782$\bar{5}$	7832	7839	7846
61	7853	7860	7868	787$\bar{5}$	7882	7889	7896	7903	7910	7917
62	7924	7931	7938	794$\bar{5}$	7952	7959	7966	7973	7980	7987
63	7993	8000	8007	8014	8021	8028	803$\bar{5}$	8041	8048	8055
64	8062	8069	8075	8082	8089	8096	8102	8109	8116	8122
65	8129	8136	8142	8149	8156	8162	8169	8176	8182	8189
66	8195	8202	8209	8215	8222	8228	823$\bar{5}$	8241	8248	8254
67	8261	8267	8274	8280	8287	8293	8299	8306	8312	8319
68	8325	8331	8338	8344	8351	8357	8363	8370	8376	8382
69	8388	839$\bar{5}$	8401	8407	8414	8420	8426	8432	8439	844$\bar{5}$
70	8451	8457	8463	8470	8476	8482	8488	8494	8500	8506
71	8513	8519	852$\bar{5}$	8531	8537	8543	8549	8555	8561	8567
72	8573	8579	8585	8591	8597	8603	8609	8615	8621	8627
73	8633	8639	8645	8651	8657	8663	8669	867$\bar{5}$	8681	8686
74	8692	8698	8704	8710	8716	8722	8727	8733	8739	874$\bar{5}$
75	8751	8756	8762	8768	8774	8779	8785	8791	8797	8802
76	8808	8814	8820	8825	8831	8837	8842	8848	8854	8859
77	886$\bar{5}$	8871	8876	8882	8887	8893	8899	8904	8910	8915
78	8921	8927	8932	8938	8943	8949	8954	8960	8965	8971
79	8976	8982	8987	8993	8998	9004	9009	901$\bar{5}$	9020	9025
80	9031	9036	9042	9047	9053	9058	9063	9069	9074	9079
81	908$\bar{5}$	9090	9096	9101	9106	9112	9117	9122	9128	9133
82	9138	9143	9149	9154	9159	916$\bar{5}$	9170	9175	9180	9186
83	9191	9196	9201	9206	9212	9217	9222	9227	9232	9238
84	9243	9248	9253	9258	9263	9269	9274	9279	9284	9289
85	9294	9299	9304	9309	931$\bar{5}$	9320	932$\bar{5}$	9330	933$\bar{5}$	9340
86	934$\bar{5}$	9350	9355	9360	9365	9370	9375	9380	9385	9390
87	9395	9400	9405	9410	9415	9420	9425	9430	943$\bar{5}$	9440
88	944$\bar{5}$	94$\bar{5}$0	945$\bar{5}$	9460	946$\bar{5}$	9469	9474	9479	9484	9489
89	9494	9499	9504	9509	9513	9518	9523	9528	9533	9538
90	9542	9547	9552	9557	9562	9566	9571	9576	9581	9586
91	9590	9595	9600	960$\bar{5}$	9609	9614	9619	9624	9628	9633
92	9638	9643	9647	9652	9657	9661	9666	9671	9675	9680
93	968$\bar{5}$	9689	9694	9699	9703	9708	9713	9717	9722	9727
94	9731	9736	9741	9745	975$\bar{0}$	9754	9759	9763	9768	9773
95	9777	9782	9786	9791	9795	9800	980$\bar{5}$	9809	9814	9818
96	9823	9827	9832	9836	9841	9845	98$\bar{5}$0	9854	9859	9863
97	9868	9872	9877	9881	9886	9890	9894	9899	9903	9908
98	9912	9917	9921	9926	9930	9934	9939	9943	9948	9952
99	9956	9961	9965	9969	9974	9978	9983	9987	9991	9996

Anm.: Der waagerechte Strich über der 5 in der letzten oder vorletzten Stelle einer Mantisse ($\bar{5}$) bedeutet, daß diese Stelle durch Fortlassung weiterer Stellen erst ihren Wert erhalten hat.

Verhältnisteile.

D.	1	2	3	4	5	6	7	8	9
43	4,3	8,6	12,9	17,2	21,5	25,8	30,1	34,4	38,7
42	4,2	8,4	12,6	16,8	21,0	25,2	29,4	33,6	37,8
41	4,1	8,2	12,3	16,4	20,5	24,6	28,7	32,8	36,9
40	4,0	8,0	12,0	16,0	20,0	24,0	28,0	32,0	36,0
39	3,9	7,8	11,7	15,6	19,5	23,4	27,3	31,2	35,1
38	3,8	7,6	11,4	15,2	19,0	22,8	26,6	30,4	34,2
37	3,7	7,4	11,1	14,8	18,5	22,2	25,9	29,6	33,3
36	3,6	7,2	10,8	14,4	18,0	21,6	25,2	28,8	32,4
35	3,5	7,0	10,5	14,0	17,5	21,0	24,5	28,0	31,5
34	3,4	6,8	10,2	13,6	17,0	20,4	23,8	27,2	30,6
33	3,3	6,6	9,9	13,2	16,5	19,8	23,1	26,4	29,7
32	3,2	6,4	9,6	12,8	16,0	19,2	22,4	25,6	28,8
31	3,1	6,2	9,3	12,4	15,5	18,6	21,7	24,8	27,9
30	3,0	6,0	9,0	12,0	15,0	18,0	21,0	24,0	27,0
29	2,9	5,8	8,7	11,6	14,5	17,4	20,3	23,2	26,1
28	2,8	5,6	8,4	11,2	14,0	16,8	19,6	22,4	25,2
27	2,7	5,4	8,1	10,8	13,5	16,2	18,9	21,6	24,3
26	2,6	5,2	7,8	10,4	13,0	15,6	18,2	20,8	23,4
25	2,5	5,0	7,5	10,0	12,5	15,0	17,5	20,0	22,5
24	2,4	4,8	7,2	9,6	12,0	14,4	16,8	19,2	21,6
23	2,3	4,6	6,9	9,2	11,5	13,8	16,1	18,4	20,7
22	2,2	4,4	6,6	8,8	11,0	13,2	15,4	17,6	19,8
21	2,1	4,2	6,3	8,4	10,5	12,6	14,7	16,8	18,9
20	2,0	4,0	6,0	8,0	10,0	12,0	14,0	16,0	18,0
19	1,9	3,8	5,7	7,6	9,5	11,4	13,3	15,2	17,1
18	1,8	3,6	5,4	7,2	9,0	10,8	12,6	14,4	16,2
17	1,7	3,4	5,1	6,8	8,5	10,2	11,9	13,6	15,3
16	1,6	3,2	4,8	6,4	8,0	9,6	11,2	12,8	14,4
15	1,5	3,0	4,5	6,0	7,5	9,0	10,5	12,0	13,5
14	1,4	2,8	4,2	5,6	7,0	8,4	9,8	11,2	12,6
13	1,3	2,6	3,9	5,2	6,5	7,8	9,1	10,4	11,7
12	1,2	2,4	3,6	4,8	6,0	7,2	8,4	9,6	10,8
11	1,1	2,2	3,3	4,4	5,5	6,6	7,7	8,8	9,9
10	1,0	2,0	3,0	4,0	5,0	6,0	7,0	8,0	9,0
9	0,9	1,8	2,7	3,6	4,5	5,4	6,3	7,2	8,1
8	0,8	1,6	2,4	3,2	4,0	4,8	5,6	6,4	7,2
7	0,7	1,4	2,1	2,8	3,5	4,2	4,9	5,6	6,3
6	0,6	1,2	1,8	2,4	3,0	3,6	4,2	4,8	5,4
5	0,5	1,0	1,5	2,0	2,5	3,0	3,5	4,0	4,5
4	0,4	0,8	1,2	1,6	2,0	2,4	2,8	3,2	3,6
D.	1	2	3	4	5	6	7	8	9

Formeln.

1. $\log(ab) = \log a + \log b$.

2. $\log\left(\dfrac{a}{b}\right) = \log a - \log b$.

3. $\log\left(a^n\right) = n \cdot \log a$.

4. $\log \sqrt[n]{a} = \dfrac{1}{n} \cdot \log a$.

Anm.: Sehr leicht, schnell und bequem lassen sich alle textiltechnischen Berechnungen (Garn- und Gewebekalkulationen, Nummer-, Stückgewichts-, Geschirr-, Riet-, Wechselräderberechnungen usw.) mittels des Löhrs schen Textilstabes (Spezial-Rechenschieber für die Textil-Industrie) ausführen. Den genannten Rechenstab liefert die Fa. Gustav Löhr, Lemgo/Lippe.

48. Literaturübersicht.

(Wichtigste selbständige Schriften, betreffend die technologische Prüfung der Textilien).

A. Mikroskopische Prüfung:

Hager-Tobler: Das Mikroskop und seine Anwendung. Berlin 1925. 13. Aufl.

Hanausek, F. T.: Lehrbuch der technischen Mikroskopie. Stuttgart 1901.

Heermann-Herzog: Mikroskopische und mechanisch-technische Textiluntersuchungen. Berlin 1931. 3. Aufl.

Herzog, A.: Mikrophotographischer Atlas der technisch wichtigen Faserstoffe. München 1908.

— Die Unterscheidung von Baumwolle und Leinen. Sorau 1908. 2. Aufl.

— Was muß der Flachskäufer vom Flachsstengel wissen? Sorau 1918.

— Die mikroskopische Untersuchung der Seide und der Kunstseide. Berlin 1924.

— Die Unterscheidung der Flachs- und Hanffaser. Berlin 1926.

Höhnel, F. v.: Die Mikroskopie der technisch verwendeten Faserstoffe. Wien-Leipzig 1905. 2. Aufl.

Massot, W.: Die Mikroskopie der Textilmaterialien, Sammlung Göschen Nr. 673.

Matthews-Anderau, J. M.: Die Textilfasern. Berlin 1928.

Tobler, G. u. F.: Anleitung zur mikroskopischen Untersuchung von Pflanzenfasern. Berlin 1912.

Wiesner, J. v.: Technische Mikroskopie. Wien 1867.

— Die Rohstoffe des Pflanzenreichs, Abschnitt „Fasern und Baste". (1. Bd.) Leipzig 1927. 4. Aufl.

B. Mechanisch-physikalische Prüfung:

Allgemeines:

Brüggemann, H.: Die nötigen Eigenschaften der Gespinste. Stuttgart 1897.

Heermann-Herzog: Mikroskopische und mechanisch-technische Textiluntersuchungen. Berlin 1931. 3. Aufl.

Marschik, S.: Physikal. techn. Untersuchungen von Gespinsten und Geweben. Wien 1904.

Garn- und Gewebeberechnungen:

Möller, E.: Praktische Garn- und Fabrikationsberechnungen. Leipzig 1926.

Schams, J.: Kalkulation der Webwaren. 1907. 4. Aufl.

Wenzel, R.: Praktisches Handbuch für die Garnberechnung der verschiedenen Webwaren.

Wickardt, A.: Das Fachrechnen für die Webwaren-Fabrikation. Leipzig 1930. 2. Aufl.

Stapelmessung:

Colditz, W.: Die mittlere Faserlänge und Faserlage in Fasergebilden, Diss. Dresden 1920.
Gieß, H.: Der Einfluß des Spinnverfahrens auf die mittlere Länge von Kammgarnen, Diss. Berlin 1907.
Matthes, M.: Vergleich sämtlicher Verfahren für die Wollstapelmessung auf Grund wissenschaftlicher Methoden, Diss. Leipzig 1930.

Bindungslehre:

Donat, F.: Großes Bindungslexikon. 1904.
Gräbner, E.: Die Weberei. 1925. 4. Aufl.
Lüdicke, A.: Die Weberei (Bindungslehre von J. Gorke), II. Bd. 2. Teil der Technologie der Textilfasern von R. O. Herzog. Berlin 1927.

C. Chemische Prüfung:

Behrens, H.: Anleitung zur mikrochemischen Analyse. 2. Heft: Die wichtigsten Faserstoffe. Hamburg-Leipzig 1908. 2. Aufl.
Heermann, P.: Färberei- und textilchemische Untersuchungen. Berlin 1928.
Lunge-Berl.: Chemisch-technische Untersuchungsmethoden. Berlin 1928. 4 Bd. 6. Aufl. Neuauflage in Vorbereitung.
Massot, W.: Die chemische Untersuchung der Textilmaterialien. Sammlung Göschen, Nr. 748.

C. Graphische Darstellungen und Rechentafeln.

Kurze Anleitung für die Verwendung von graphischen Rechentafeln (Nomogrammen) in der textilen Untersuchungspraxis.

In den letzten Jahren haben in fast allen Zweigen der Industrie die graphischen Rechenverfahren, „rechnende Zeichnungen" genannt, immer mehr und mehr Anwendung gefunden, da diese nicht nur die oft recht umständliche und daher zeitraubende Arbeit des Rechnens erleichtern oder dem Rechnenden ganz abnehmen, sondern auch das lästige Nachschlagen der jeweils anzuwendenden Formeln, der einzusetzenden Konstanten usw. vollkommen ersparen. Auch bei der zahlenmäßigen Auswertung textiltechnologischer Prüfungen müssen häufig mühsame Berechnungen angestellt werden, die ohne besondere Hilfsmittel, wie Logarithmentafeln, Rechenschieber usw., nur unter verhältnismäßig großem Zeitaufwand ausgeführt werden können. Dem in dieser Hinsicht bestehenden Übelstand soll durch nachfolgende graphische Textilrechentafeln abgeholfen werden, deren Ablese- bzw. Rechengenauigkeit allen in der Praxis gestellten Anforderungen vollauf genügt, wie man sich leicht überzeugen kann.

Ohne an dieser Stelle auf die Anfertigung derartiger graphischer Tafeln einzugehen, die bei einiger Übung nach den bekannten Grundsätzen der Nomographie ohne Schwierigkeiten selbst hergestellt und in allen Einzelheiten dem jeweils vorliegenden Bedürfnis angepaßt werden können, sei lediglich erwähnt, daß sogenannte „Doppelleiter" die Abhängigkeit von zwei veränderlichen Größen (x und y), „Fluchtlinientafeln" dagegen die Verknüpfung von drei variablen Werten (x, y und z) darstellen. Bei der Doppelleiter erfordert demnach das Aufsuchen eines Resultates lediglich einen Blick, da neben dem bekannten Wert x die gesuchte Größe y sofort zu finden ist und umgekehrt. Bei den Fluchtlinientafeln braucht man nur die zwei gegebenen Werte (z. B. x und y) auf den entsprechenden Skalenträgern miteinander zu verbinden und kann dann an dem Schnittpunkt der „Rechnungslinie" mit der dritten Skala den gesuchten Wert (z. B. z) sofort ablesen. Anstatt jedoch bei der Lösung der verschiedenen Aufgaben jeweils die entsprechende Rechnungslinie wirklich einzuzeichnen, empfiehlt es sich, die beiden bekannten, d. h. gegebenen Werte mit der Seite eines Lineals u. dgl. zu verbinden oder eine auf Glas eingeritzte und mit Graphit geschwärzte „Rechnungslinie" zu verwenden.

Weitere recht wertvolle Anwendungsmöglichkeiten der Fluchtlinientafeln bestehen darin, daß man leicht und schnell zu einer bekannten
Größe x die verschiedenen Wertepaare y und z finden und so gewisser-
maßen eine Tabelle der beiden fehlenden Größen bilden kann. Für
diese Zwecke legt man durch den gegebenen Wert einen Weiser und
liest dann beim Schwenken dieses Weisers um den fixierten Punkt alle
beliebigen Zusammenstellungen der unbekannten Größen, die den bekannten Wert ergeben, ab. Bei komplizierten Formeln sind derartige
Rechnungen auf anderem Wege kaum einfacher zu bewerkstelligen.

Über den Anwendungsbereich der hier entworfenen Rechentafeln
gibt nachstehende Übersichtstabelle Aufschluß, in der neben den jeweils gesuchten Werten die gegebenen Größen sowie deren formel-
mäßige mathematische Verknüpfung enthalten sind.

Anwendungsbereich der graphischen Tafeln I—XXI.

Laufende Nummer	Gruppe	Gesucht	Gegeben	Nummer der graphischen Tafel	Der graphischen Tafel zugrunde gelegte Formel
1	Feinheit des Gespinstes bzw. der Einzelfaser	**Metrische Fadennummer** (N_m) (für alle Faserarten gültig)	Fadenlänge (L) in m (km) Fadengewicht (G) in g (kg)	I	$N_m = \dfrac{L}{G}$
2		**Legaler Fadentiter** (T_{den}) (für gehaspelte Seide u. Kunstseide)	dgl.		$T_{den} = \dfrac{9000 \cdot G}{L} = \dfrac{9000}{N_m}$
3		**Umrechnung verschiedener Fadennummern**	Eine der in der Tafel II enthaltenen Fadennummern	II	$N_e = 0{,}591 \cdot N_m$ (Baumwolle und Florettseide, engl.) $N_e = 1{,}653 \cdot N_m$ (Leinen, Hanf und Jute, engl.) $N_e = 0{,}886 \cdot N_m$ (hart. Kammgarn u. Streichgarn, engl.) $N_f = 0{,}500 \cdot N_m$ (Baumwolle und Leinen, halbgramm-metr. od. franz.) $N_m = \dfrac{9000}{T_{den}}$ (gehaspelte Seide und Kunstseide, legaler Titer)
4		**Legaler Titer** (T_{den}) der Kunstseide-Einzelfaser für 1500fache Vergrößerung	Anzahl der vom Schnitt gedeckten Schätzquadrate (1 Quadrat entspricht ¼ Denier)	III	Bei Azetatseide ist der gefundene Wert noch mit 0,875 zu multiplizieren
5			Gesamtlänge (L) der vom Schnitt gedeckten Linien des Harfenplanimeters in mm	IV A	$T_{den} = 0{,}02 \cdot L$ (f. Viscose-, Nitrat- u. Kupferseide) $T_{den} = 0{,}0175 \cdot L$ (f. Azetatseide)
6			Querschnittsfläche (Q) der Zeichnung in mm² oder wirkliche Querschnittsfläche (F) in μ^2	V	$\left.\begin{array}{l} T_{den} = 0{,}012\,72 \cdot F \\ T_{den} = 0{,}005\,649 \cdot Q \end{array}\right\}$ f. Viscose-, Nitrat- und Kupferseide Bei Azetatseide ist der gefundene Titer noch mit 0,875 zu multiplizieren

Anwendungsbereich der graphischen Tafeln I—XXI (Fortsetzung).

Laufende Nummer	Gruppe	Gesucht	Gegeben	Nummer der graphischen Tafel	Der graphischen Tafel zugrunde gelegte Formel
7	Querschnittsverhältnisse der Einzelfaser	**Wirkliche Querschnittsfläche** (F in μ^2) der Einzelfaser (für alle Faserarten gültig)	Querschnittsfläche (Q) der Zeichnung in mm²	V	$F = 0{,}444 \cdot Q$
8			Gesamtlänge (L) der vom Schnitt gedeckten Linien des Harfenplanimeters in mm	VI	$F = L$
9		**Wirkliche Breite** (B in μ) des Faserquerschnitts (für alle Fasern gültig)	Anzahl (n) der von der maximalen Breite des Schnittes gedeckten Millimeter Vergrößerung (v) der Zeichnung	IV B	$B = \dfrac{1000 \cdot n}{v}$ (für $v = 1500 \therefore B = 0{,}667 \cdot n$)
10		**Völligkeit des Querschnitts** (V in %) (für alle Faserarten gültig)	Wirkliche Schnittfläche (F in μ^2) Wirkliche Breite des Schnittes (B in μ)	VII	$V = 127{,}323 \cdot \dfrac{F}{B^2}$
11		**Rektifizierter äußerer Faserdurchmesser** (δ in μ) (für alle hohlen Fasern gültig)	Umfang (u) des Lumens in μ auf die Schnittzeichnung. Wirkliche Querschnittsfläche der Faserwand (F in μ^2)	VIII	$\delta = \sqrt{0{,}1013 \cdot u^2 + 1{,}2732 \cdot F}$
12		**Rektifizierter innerer Faserdurchmesser** (δ_1 in μ) (für alle hohlen Fasern gültig)	Rektifizierte Lumenfläche (f in μ^2)	IX	$\delta_1 = \sqrt{1{,}2732 \cdot f}$
13		**Rektifizierte Lumenfläche** (f in μ^2) (für alle hohlen Fasern gültig)	Umfang des Lumens auf der Schnittzeichnung (u in μ)		$f = 0{,}0796 \cdot u^2$
14		**Mittlere Wanddicke** (w in μ) der Faser (für alle hohlen Fasern gültig)	Rektifizierter äußerer Faserdurchmesser (δ in μ) Rektifizierter innerer Faserdurchmesser (δ_1 in μ)	VIII und IX	$w = \dfrac{\delta - \delta_1}{2}$

(Spalte zwischen *Gesucht* und *Gegeben*, für die Zeilen 7—14: Querschnittszeichnung der Einzelfaser in 1500 facher Vergrößerung)

15	Faser-gewicht	**Metergewicht** (g in mg) von Wollhaaren und Kunstseide-Einzelfasern	Wollhaardurchmesser (d in μ) Wirkliche Querschnittsfläche der Kunstseidefaser (F in μ^2)	X	$g = 0{,}001\,021 \cdot d^2$ (f. Schafwolle) $g = 0{,}001\,414 \cdot F$ (f. Viskose-, Nitrat- und Kupferseide) $g = 0{,}001\,237 \cdot F$ (f. Azetatseide)
16	Luftvolumen von Garnen	**Luftgehalt (Porosität)** eines Fadens (L in %)	Metrische Fadennummer (N_m) Legaler Fadentiter (T_{den}) Fadendurchmesser (d in mm)	XI	$L = 100 - \dfrac{0{,}009\,31 \cdot T_{den}}{d^2} = 100 - \dfrac{83{,}765}{N_m \cdot d^2}$ $s = 1{,}52$ (f. Viskose-, Nitrat- u. Kupferseide, sowie f. Pflanzenfasern)
17				XII	$L = 100 - \dfrac{0{,}010\,64 \cdot T_{den}}{d^2} = 100 - \dfrac{95{,}732}{N_m \cdot d^2}$ $s = 1{,}33$ (f. Azetatseide und Schafwolle)
18	Garndrehung	**Umrechnung von Garndrehungen** je 1″ engl. ($T_{1''}$) und je 1 m (T_m)	Drehung für 1″ engl. oder 1 m	XIII	$T_{1m} = 39{,}37 \cdot T_{1''}$ $T_{1''} = 0{,}0254 \cdot T_{1m}$
19		**Garndrehung** je 1″ engl. ($T_{1''}$) und je 1 m (T_m) (Mikroskopisches Verfahren; für alle Faserarten gültig)	Faserneigungswinkel gegen die Fadenlängsachse (φ in ^{0}) Fadendurchmesser (d in mm)	XIV	$T_{1''} = \dfrac{29{,}058}{\pi \cdot \cot g\,\varphi \cdot d}$ $T_{1m} = \dfrac{1144}{\pi \cdot \cot g\,\varphi \cdot d}$
20		**Drehungskonstante** ($\alpha_{metr.}$ u. $\alpha_{engl.}$) Baumwolle	Metrische (N_m) oder englische (N_e') Fadennummer (Baumwolle), Drehungen je 1″ engl. ($T_{1''}$) oder je 1 m (T_{1m})	XV	$\alpha_m = \dfrac{T_{1m}}{\sqrt{N_m}}$ $\alpha_m = 30{,}24 \cdot \alpha_e$
21		Flachs u. Hanf	dgl., jedoch englische Fadennummer (Ne) für Flachs und Hanf	XVI	$\alpha_e = \dfrac{T_{1''}}{\sqrt{N_e}}$ $\alpha_m = 50{,}62 \cdot \alpha_e$

Anwendungsbereich der graphischen Tafeln I—XXI (Schluß).

Laufende Nummer	Gruppe	Gesucht	Gegeben	Nummer der graphischen Tafel	Der graphischen Tafel zugrunde gelegte Formel
22	Festigkeit der Gespinste bzw. Einzelfasern	**Reißlänge** (R in km)	Fadenfestigkeit (P in g) Metrische Fadennummer (N_m)		$R = \dfrac{P \cdot N_m}{1000}$
23		**Spezifische Festigkeit** (p in kg/mm^2)	Reißlänge (R in km) Spezifisches Gewicht der Fasersubstanz (s in g/cm^3)	XVII	$p = R \cdot s$
24		**Festigkeit eines Seide- oder Kunstseidefadens (,,Gütezahl'')** (p_1 in g für 1 Denier)	Fadenfestigkeit (P in g) Fadenfeinheit (T_{den})		$p_1 = \dfrac{P}{T_{den}} \quad \left(p_1 = \dfrac{R^{\mathrm{km}}}{9} \right)$
25	Allgemeines	**Gleichmäßigkeit** (G in %)	Arithmetisches Gesamtmittel (M) Differenz zwischen Gesamtmittel und Untermittel (d)	XVIII	$G = 100 - \dfrac{100 \cdot d}{M}$
26		**Handelsgewicht für 100 Teile lufttrockene Faser** (H) (für alle Faserarten gültig)	Wassergehalt, bez. a. d. lufttrockene Material (w_1 in %) Zulässiger Feuchtigkeitsgehalt (Reprise r in %)	XIX	$H = (100 - w_1) \cdot \left(1 + \dfrac{r}{100} \right)$
27		**Relative Luftfeuchtigkeit** (φ in %)	Anzeige des trockenen (t °C) und des feuchten (t_f °C) Thermometers Spannung des Wasserdampfes bei den entsprechenden Temperaturen (h und h_f in mm)	XX	$\varphi = \dfrac{h_f - 0{,}6 \cdot (t - t_f)}{h} \cdot 100$ $(t_f > 0)$
28		**Prozentsatz** (x in %) (für Prozentberechnungen aller Art)	G e s a m t menge ($=$ Grundwert) A T e i l menge ($=$ Teilwert) a (Dimension beliebig)	XXI	$x = \dfrac{a \cdot 100}{A}$

Berichtigungen und Ergänzungen.

Seite 8, Zeile 2 von unten: ergänze „G r ö ß e".

Seite 93, Tabelle 13: ergänze zur Kopfspalte „Lichtstärke" als Fußnote [3]:
— ...licht s c h w a c h e Struktur, + ...licht s t a r k e Struktur.

Seite 105/106: verbessere statt Tafel 1 „Tafel a" und statt Tafel 2 „Tafel b".

Seite 114, Tabelle 31 ist wie folgt zu berichtigen:

„Entgegen der für alle anderen Faserstoffe allein gültigen Normalfeuchtigkeit von $65^0/_0$ ist für Kunstseiden vom Reichsausschuß für Lieferungsbedingungen (RAL) eine normale Feuchtigkeit von nur $60^0/_0$ festgelegt worden, weil die mit $11^0/_0$ festgesetzte Reprise für Kunstseide als zu gering erkannt worden ist und man durch Herabsetzen der Normalfeuchtigkeit diesen Fehler kompensieren wollte. Die Konventionsmethode zur Prüfung von Kunstseide (RAL Nr. 380 B 2) ist jedoch noch nicht endgültig festgelegt und anerkannt."

Zur Umrechnung auf eine Normalfeuchtigkeit von $60^0/_0$ gelten folgende Faktoren für die Reißlängenbestimmung von Kunstseiden bei verschiedener Luftfeuchtigkeit:

Relative Luftfeuchtigkeit im Versuchsraum φ in Prozent	Reißfestigkeitsumrechnungsfaktor k für		
	Nitratseide	Kupfer- und Viskoseseide	Azetatseide
40	0,79	0,85	0,91
45	0,83	0,87	0,93
50	0,88	0,91	0,95
55	0,93	0,95	0,98
60 (normal)	1,00	1,00	1,00
65	1,07	1,05	1,03
70	1,14	1,10	1,06
75	1,24	1,16	1,10
80	1,35	1,24	1,15

Mikroskopische und mechanisch-technische Textiluntersuchungen.

Von Professor Dr. **Paul Heermann,** früher Abteilungsvorsteher der Textilabteilung am Staatlichen Materialprüfungsamt Berlin-Dahlem, und Dr. **Alois Herzog,** ord. Professor für Textil- und Papier-Technologie an der Technischen Hochschule in Dresden. Dritte, vollständig neubearbeitete und erweiterte Auflage des Buches „Mechanisch- und physikalisch-technische Textiluntersuchungen" von Dr. Paul Heermann. Mit 314 Textabbildungen. VIII, 451 Seiten. 1931. Gebunden RM 32.—

Es war ein überaus glücklicher Gedanke, daß sich zwei solche erfahrene Fachleute — der eine ein bewährter Textilfachmann, der andere ein weit bekannter Mikroskopiker — zusammengefunden haben, um das vorliegende Werk in 3. Auflage vollständig neu zu bearbeiten. Nur so ist es zu verstehen, daß hier ein Werk geschaffen wurde, das in bezug auf die Vollkommenheit der Abbildungen, wie auch hinsichtlich der Übersichtlichkeit und Klarheit des begleitenden Textes den strengsten Anforderungen von Wissenschaft und Praxis entspricht. Aus der Fülle des Inhaltes seien folgende Kapitel herausgegriffen: Laboratoriumseinrichtung und Verfahren der miskroskopischen Analyse; Spezielle Mikroskopie der Faserstoffe; Luftfeuchtigkeit; Konditionierung; Garnnumerierung; Feinheitsmessungen; Titer; Festigkeit und Dehnung; Webtechnische Prüfungen; ferner die neuerdings wichtige Lunometrie usf. . . . „Chemiker-Zeitung".

Die mikroskopische Untersuchung der Seide mit besonderer Berücksichtigung der Erzeugnisse der Kunstseidenindustrie.

Von Professor Dr. **Alois Herzog,** Dresden. Mit 102 Abbildungen im Text und auf vier farbigen Tafeln. VII, 197 Seiten. 1924. Gebunden RM 15.—

Die Textilfasern.

Ihre physikalischen, chemischen und mikroskopischen Eigenschaften. Von **J. Merritt Matthews,** Philadelphia. Nach der vierten amerikanischen Auflage ins Deutsche übertragen von Dr. Walter Anderau, Ingenieur-Chemiker, Basel. Mit einer Einführung von Professor Dr. H. E. Fierz-David. Mit 387 Textabbildungen. XII, 847 Seiten. 1928.

Gebunden RM 56.—

Der Flachs als Faser- und Ölpflanze.

Unter Mitarbeit von Prof. Dr. **G. Bredemann,** Direktor des Instituts für angew. Botanik an der Universität Hamburg, Prof. Dr. **K. Opitz,** Direktor des Instituts für Acker- und Pflanzenbau an der Landwirtsch. Hochschule Berlin, Prof. **J. J. Rjaboff,** Flachsversuchsstation der Landw. Akademie Timirjaseff in Moskau, Dr. **E. Schilling,** Abteilungs-Vorsteher am Forschungsinstitut für Bastfasern in Sorau N.-L., herausgegeben von Professor Dr. **Fr. Tobler,** Direktor des Botanischen Instituts der Techn. Hochschule und des Staatl. Botanischen Gartens Dresden. Mit 71 Abbildungen im Text. VI, 273 Seiten. 1928. Gebunden RM 19.50

Die Unterscheidung der Flachs- und Hanffaser.

Von Prof. Dr. **Alois Herzog,** Dresden. Mit 106 Abbildungen im Text und auf 1 farbigen Tafel. VII, 109 Seiten. 1926. RM 12.—; gebunden RM 13.20

Die Herstellung und Verarbeitung der Viskose unter besonderer Berücksichtigung der Kunstseidenfabrikation.

Von Ing.-Chemiker **Johann Eggert.** Zweite, verbesserte und vermehrte Auflage. Mit 147 Textabbildungen. VII, 244 Seiten. 1931. Gebunden RM 26.—

Enzyklopädie der textilchemischen Technologie. Bearbeitet in Gemeinschaft mit zahlreichen Fachleuten und herausgegeben von Professor Dr. **Paul Heermann,** früher Abteilungsvorsteher der Textilabteilung am Staatlichen Materialprüfungsamt Berlin-Dahlem. Mit 372 Textabbildungen. X, 970 Seiten. 1930. Gebunden RM 78.—

Technologie der Textilveredelung. Von Professor Dr. **Paul Heermann,** früher Abteilungsvorsteher der Textilabteilung am Staatlichen Materialprüfungsamt in Berlin-Dahlem. Zweite, erweiterte Auflage. Mit 204 Textabbildungen und einer Farbentafel. XII, 656 Seiten. 1926. Gebunden RM 33.—

Betriebseinrichtungen der Textilveredelung. Von Professor Dr. **Paul Heermann,** Berlin-Dahlem, und Ingenieur **Gustav Durst,** Fabrikdirektor, Konstanz a. B. Zweite Auflage von „Anlage, Ausbau und Einrichtungen von Färberei-, Bleicherei- und Appretur-Betrieben" von Professor Dr. Paul Heermann. Mit 91 Textabbildungen. VI, 164 Seiten. 1922. Gebunden RM 7.50

Färberei- und textilchemische Untersuchungen. Anleitung zur chemischen und koloristischen Untersuchung und Bewertung der Rohstoffe, Hilfsmittel und Erzeugnisse der Textilveredelungsindustrie. Von Professor Dr. **Paul Heermann,** früher Abteilungsvorsteher der Textilabteilung am Staatlichen Materialprüfungsamt in Berlin-Dahlem. Fünfte, ergänzte und erweiterte Auflage der „Färbereichemischen Untersuchungen" und der „Koloristischen und textilchemischen Untersuchungen". Mit 14 Textabbildungen. VIII, 435 Seiten. 1929. Gebunden RM 25.50

Praktischer Leitfaden zum Färben von Textilfasern in Laboratorien für Studenten der Hochschulen und für Schüler an Höheren Textilfachschulen. Von Dr.-Ing. **Ed. Zühlke,** Färberei-Laboratorium der Färberei- und Appreturschule Krefeld. Mit 2 Textabbildungen. VII, 234 Seiten. 1930. RM 9.50

Die künstliche Seide, ihre Herstellung und Verwendung. Mit besonderer Berücksichtigung der Patent-Literatur bearbeitet von Dr. **K. Süvern,** Geh. Regierungsrat. Fünfte, stark vermehrte Auflage. Unter Mitarbeit von Dr. H. Frederking. Mit 634 Textfiguren. XIX, 1108 Seiten. 1926. Gebunden RM 76.—
Erster Ergänzungsband. (1926 bis einschließlich 1928.) Mit 578 Textfiguren. XVI, 642 Seiten. 1931. Gebunden RM 74.50

Die Kunstseide und andere seidenglänzende Fasern. Von Dr. techn. **Franz Reinthaler,** a. o. Professor an der Hochschule für Welthandel, Wien. Mit 102 Abbildungen im Text. V, 165 Seiten. 1926. Gebunden RM 14.40

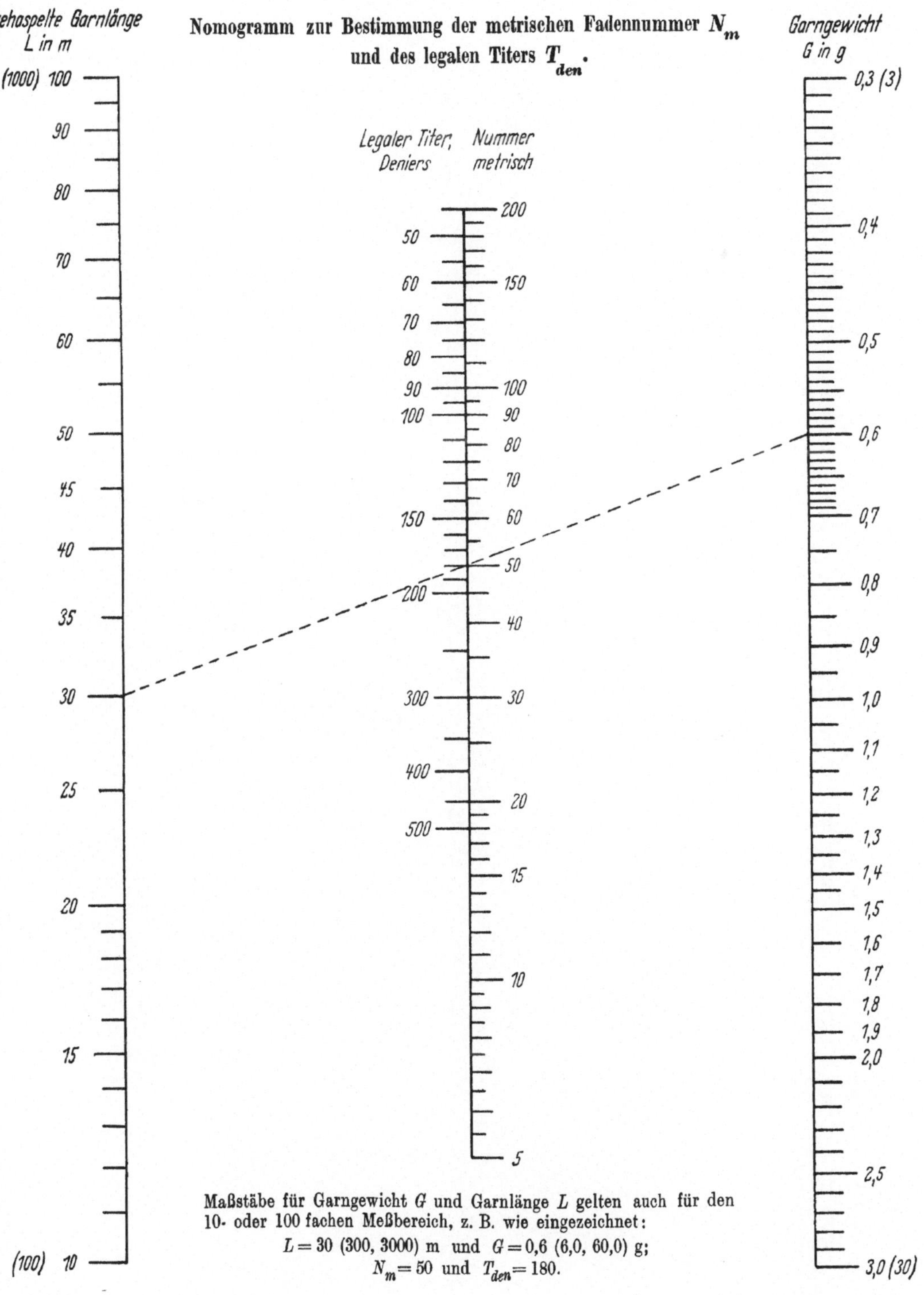

Maßstäbe für Garngewicht G und Garnlänge L gelten auch für den
10- oder 100 fachen Meßbereich, z. B. wie eingezeichnet:
$L = 30$ (300, 3000) m und $G = 0,6$ (6,0, 60,0) g;
$N_m = 50$ und $T_{den} = 180$.

Garnnummer-Umrechnungstafel.

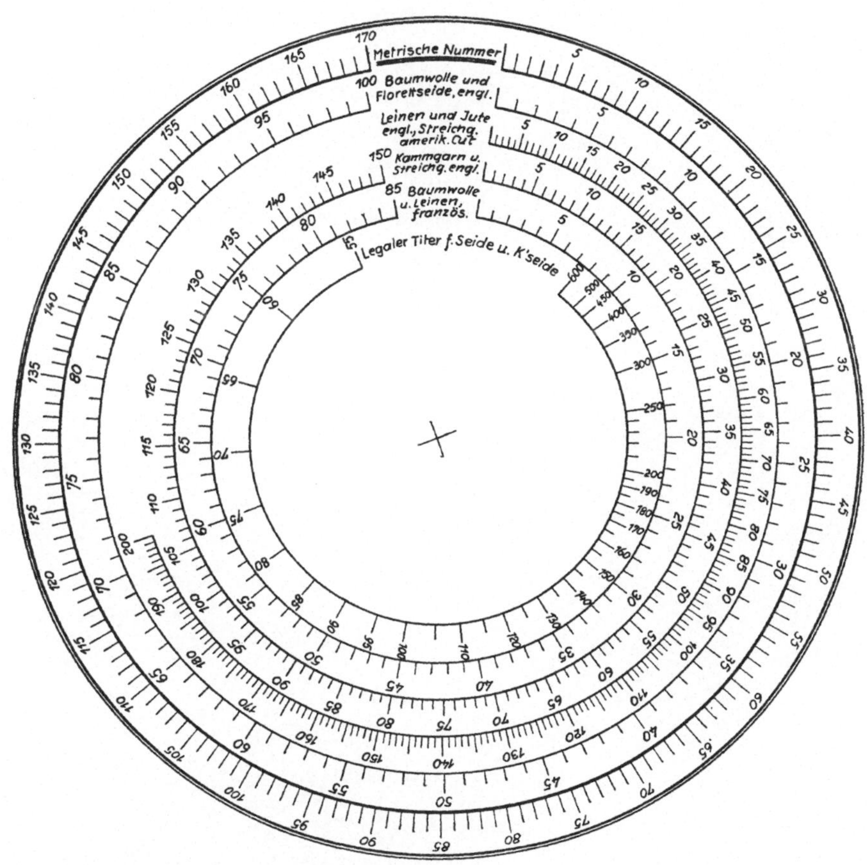

Um aus der Nummer eines Systems die entsprechende eines anderen zu finden, verbinde den Mittelpunkt der Tafel mit der gegebenen d. h. bekannten Nummer und lies auf der betreffenden Skala die gesuchte Nummer im gewünschten System ab.

Beispiel: $N_m = 50$ entspricht:

$$N_{e_{Bw}} = 29{,}6, \qquad N_{e_{Fl}} = 82{,}6, \qquad N_{e_K} = 44{,}3, \qquad N_{t_{Bw}} = 25{,}0, \qquad T_{den} = 180.$$

Herzog-Wagner, Faserstoff-Praktikum.   Verlag von Julius Springer in Berlin.

Denierschätzplatte für Kunstseidenquerschnitte.

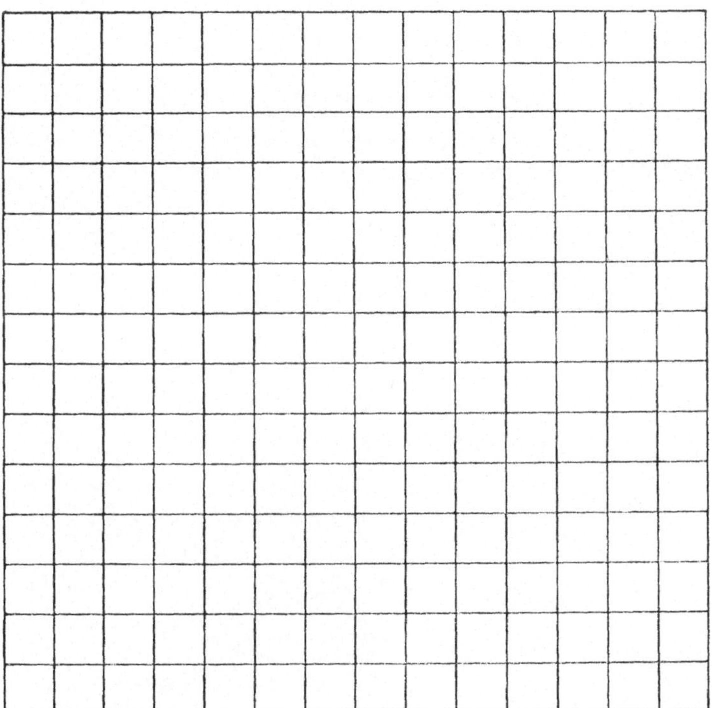

Die Schätzplatte ist verwendbar für Querschnittszeichnungen in
1 500 facher linearer Vergrößerung. Bei Viskose-, Nitrat- und Kupferseide entspricht jedes vom Schnitt gedeckte Quadrat einer Feinheit
von $^1/_4$ Denier; für Azetatseide ist der nach dieser Berechnung gefundene Wert noch mit 0,875 zu multiplizieren.

A. Planimeterharfe zur Bestimmung des legalen Titers von Kunstseide-Einzelfasern.

(Nach Prof. Dr. Alois Herzog, Dresden.)

Verwendbar bei 1500facher linearer Vergrößerung der Querschnittszeichnung.
L . . . am Meßrädchen (Teilung 1:100000) abgelesene Gesamtlänge der vom Schnitt gedeckten Linien in mm,
$$T_{den} = 0{,}02 \cdot L \text{ (für Viskose-, Nitrat- und Kupferseide),}$$
$$T_{den} = 0{,}0175 \cdot L \text{ (für Azetatseide).}$$

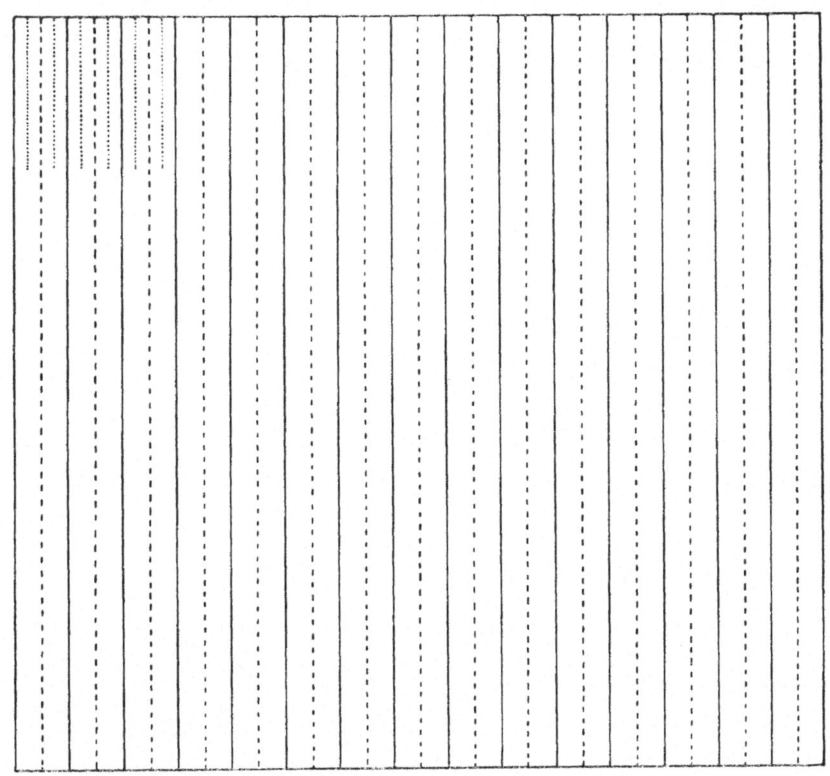

B. Maßstab zur Messung der wirklichen Breite in μ der in 1500facher Vergrößerung gezeichneten Faser-Querschnitte.

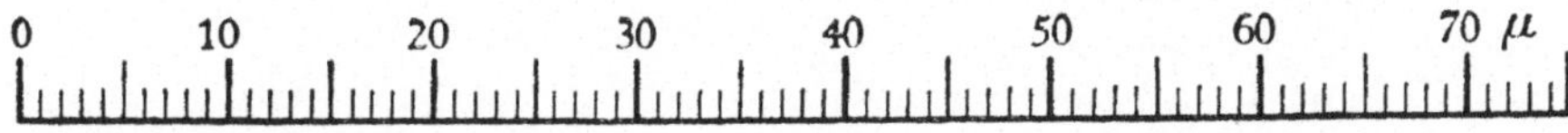

Herzog-Wagner, Faserstoff-Praktikum. Verlag von Julius Springer in Berlin.

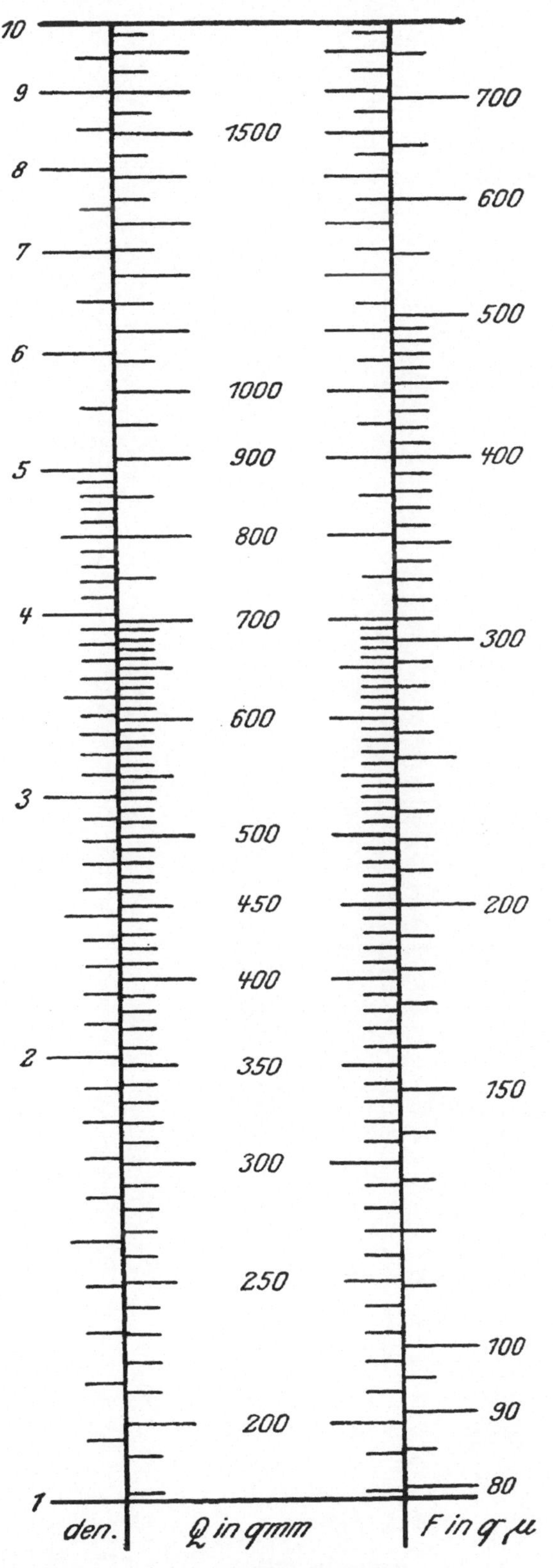

Leiter zur unmittelbaren Bestimmung der wirklichen Querschnittsfläche F und des legalen Titers T_{den} von Kunstseide.

Verwendbar bei 1500facher linearer Vergrößerung der gezeichneten Querschnittsfläche (Q in qmm).

Beispiele:
a) für Viskose-, Nitrat- und Kupferseide:
$Q = 450$ qmm : $F = 200$ qμ,
$T_{den} = 2{,}54$ Deniers
b) für Azetatseide ist der nach a) gefundene Titer noch mit 0,875 zu multiplizieren:
$T_{den} = 2{,}54 \times 0{,}875$
$= 2{,}22$ Deniers.

Verlag von Julius Springer in Berlin.

Planimeterharfe zur Bestimmung der wirklichen Querschnittsfläche F von Faserquerschnitten.

(Nach Prof. Dr. Alois Herzog, Dresden.)

Verwendbar für **alle** Faserarten, deren Querschnitte in 1500facher linearer Vergrößerung gezeichnet sind.

L . . . am Meßrädchen (Teilung 1:100 000) abgelesene Gesamtlänge der vom Schnitt gedeckten Linien in mm.

F . . . wahre Fläche des Faserquerschnittes in $q\mu$*.

$$F \text{ in } q\mu = L \text{ in mm.}$$

* 1 $q\mu$ = 0,000001 qmm.

Herzog-Wagner, Faserstoff-Praktikum.   Verlag von Julius Springer in Berlin.

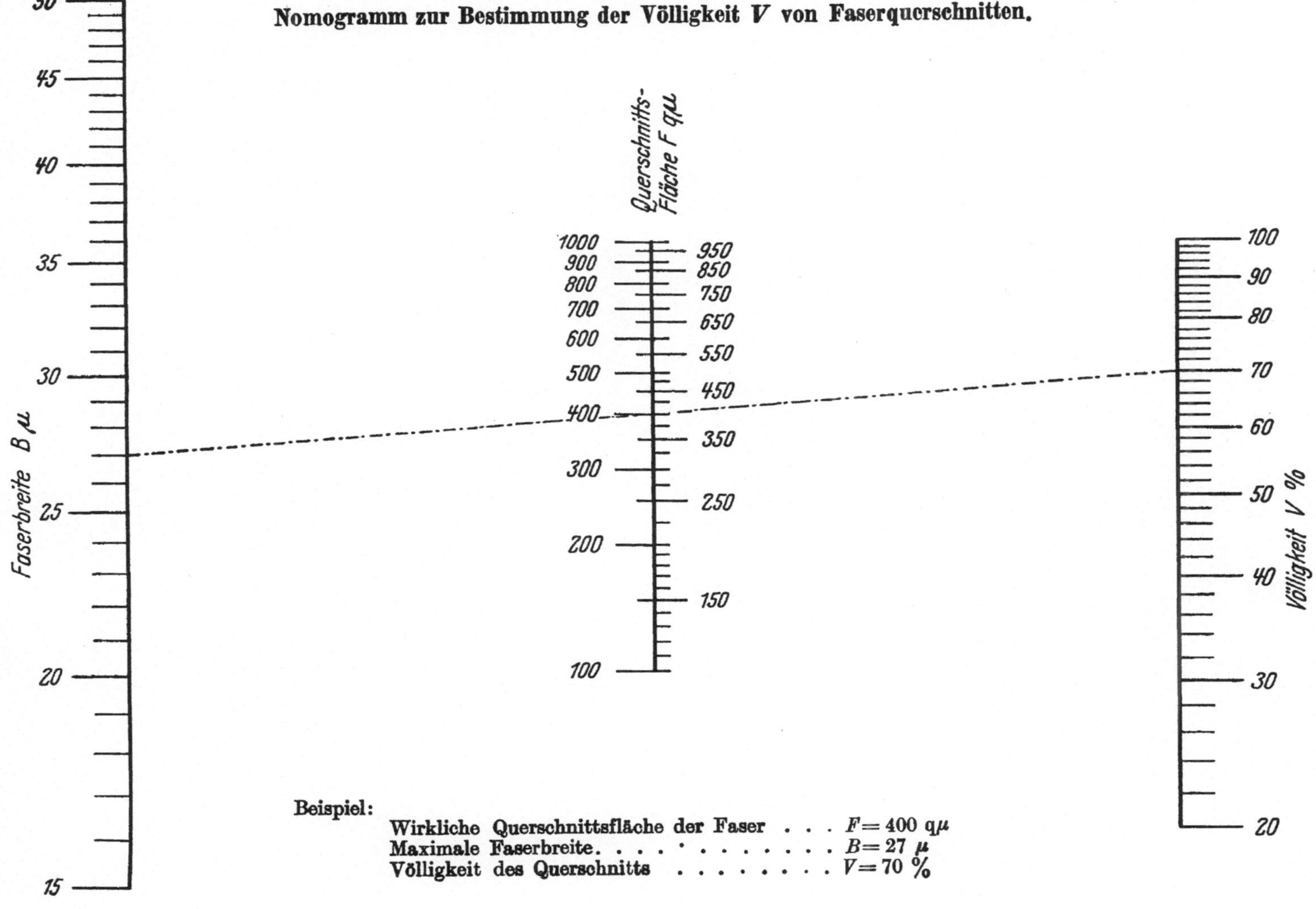

Nomogramm zur Bestimmung der Völligkeit V von Faserquerschnitten.
Herzog-Wagner, Faserstoff-Praktikum.
Verlag von Julius Springer in Berlin.
Tafel VII.
Faserbreite B μ
50 45 40 35 30 25 20 15
Querschnitts-Fläche F qμ
1000 900 800 700 600 500 400 300 200 100
950 850 750 650 550 450 350 250 150
Völligkeit V %
100 90 80 70 60 50 40 30 20
Beispiel:
Wirkliche Querschnittsfläche der Faser . . . . F = 400 qμ
Maximale Faserbreite . . . . B = 27 μ
Völligkeit des Querschnitts . . . . V = 70 %

Nomogramm zur Bestimmung des rektifizierten Hauptdurchmessers δ (Außendurchmesser) von lufthaltigen bzw. hohlen Fasern.

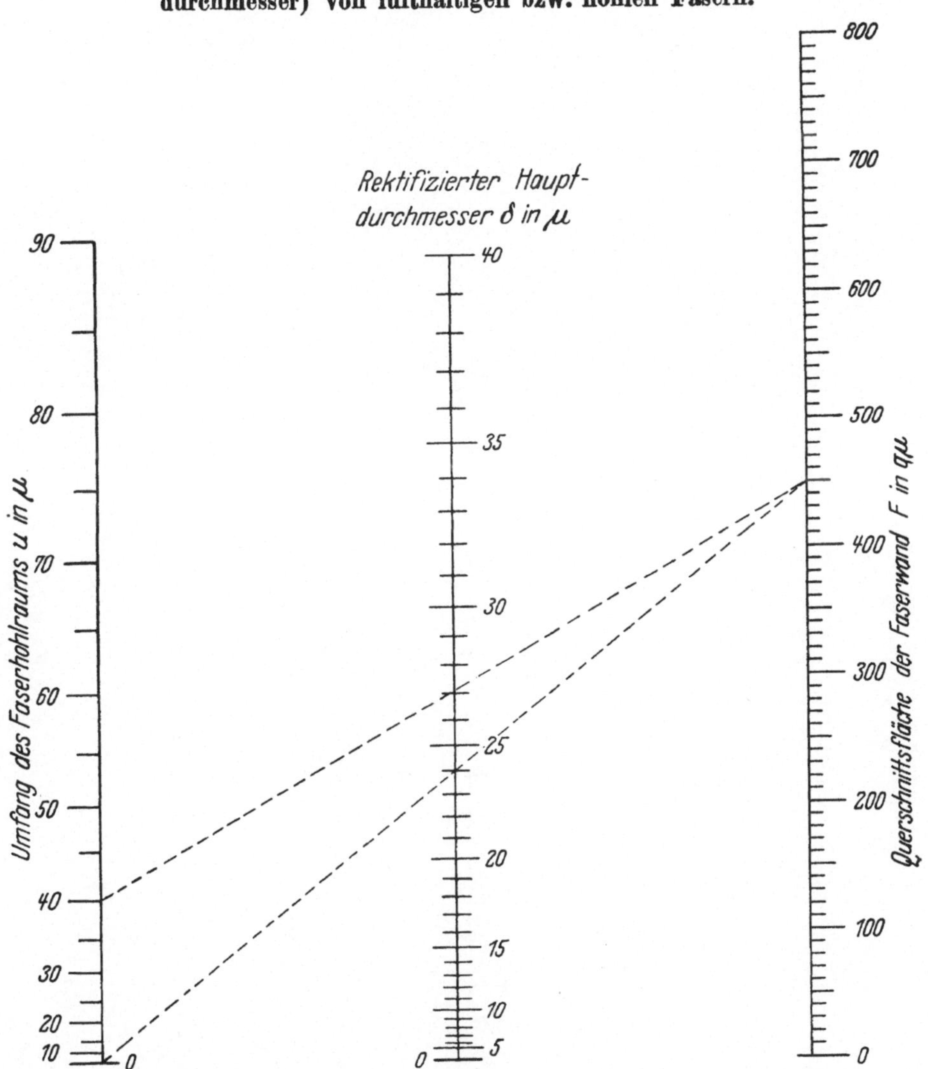

Beispiel:

Wirkliche Querschnittsfläche der Faserwand . . . . . $F = 450$ qμ
Umfang des Faserlumens . . . . $u = 40\ \mu$
Rektifizierter Hauptdurchmesser der Faser. . . . . . $\delta = 27{,}1\ \mu$

Der rektifizierte i n n e r e Faserdurchmesser hohler Fasern ist bei $u = 0$ abzulesen. Bei vollwandigen Fasern ergibt sich für $u = 0$ der Durchmesser der dem Faserquerschnitt inhaltsgleichen Kreisfläche.

Beispiel:

$$F = 450\ \text{q}\mu \quad \text{und} \quad u = 0: \delta_1 = 24{,}0\ \mu$$

Herzog-Wagner, Faserstoff-Praktikum.   Verlag von Julius Springer in Berlin.

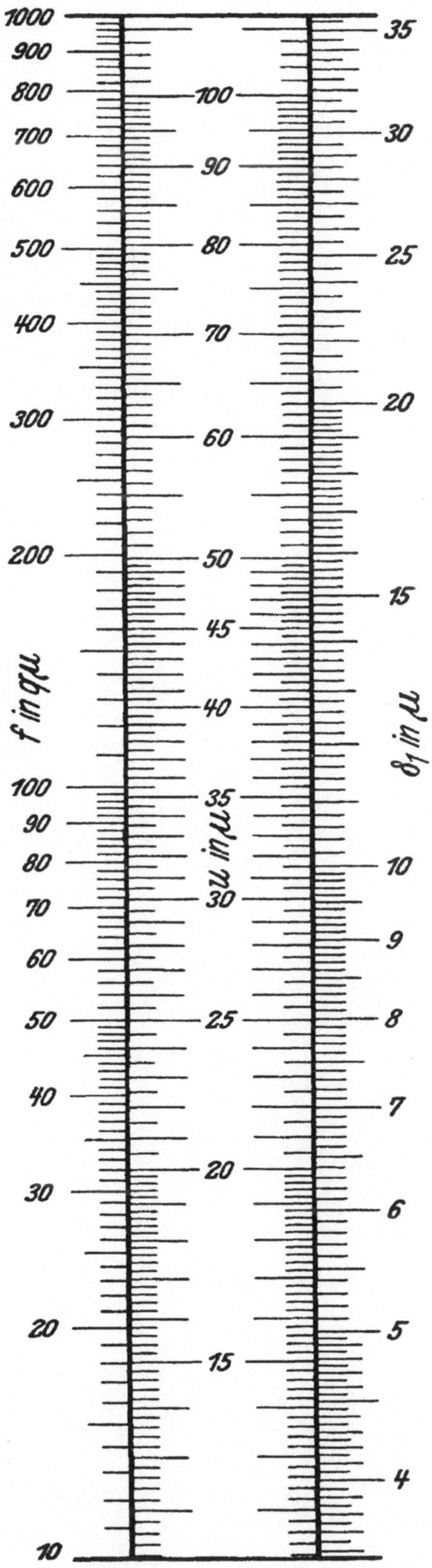

Leiter zur unmittelbaren Bestimmung des rektifizierten Faserinnendurch-messers δ_1 und der rektifizierten Lumenfläche f.

Beispiel:

Umfang des Lumens auf der Schnittzeichnung . . . . . $u = 25\,\mu$

Rektifizierter innerer Faser-durchmesser . . . . $\delta_1 = 8\,\mu$

Rektifizierte Innenfläche . $f = 50\,q\mu$

Tafel zur Bestimmung des Metergewichtes von Wollhaaren und Kunstseide - Einzelfasern
(zur Berechnung der Gewichtsprozente nach dem Gelatine-Auszählverfahren).

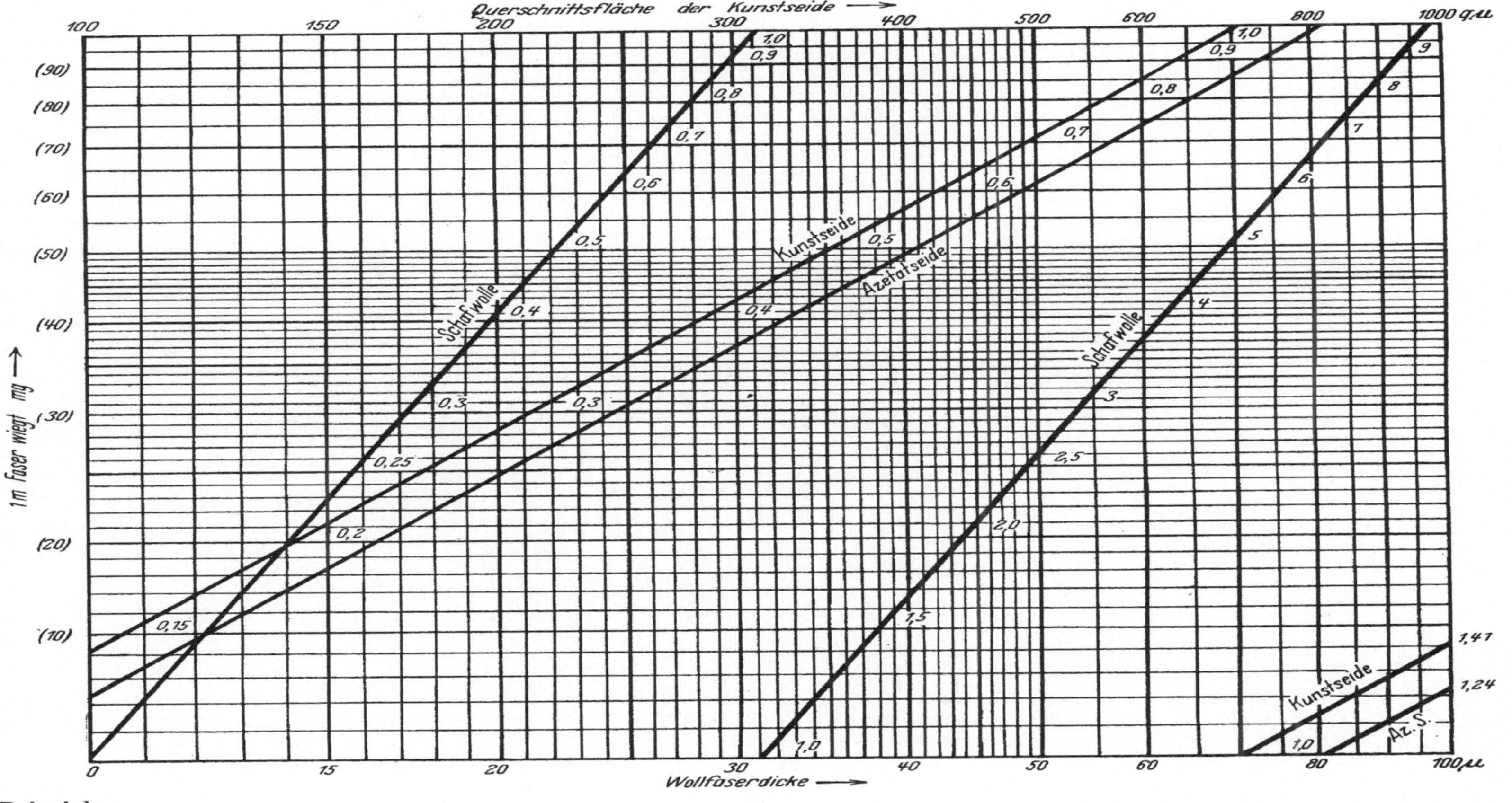

Beispiele:

Wollhaardurchmesser . . . . $d = 30\,\mu$

Gewicht von 1 m Wollfaser . . . . $g = 0{,}92$ mg

Wirkliche Querschnittsfläche der Kunstseideneinzelfaser $F = 400\,\text{q}\mu$

Gewicht von 1 m Kunstseidefaser:

für Viskose-, Nitrat- und Kupferseide $\quad g = 0{,}57$ mg

für Azetatseide . . . . $\quad g = 0{,}49$ mg

Herzog-Wagner, Faserstoff-Praktikum.

Verlag von Julius Springer in Berlin.

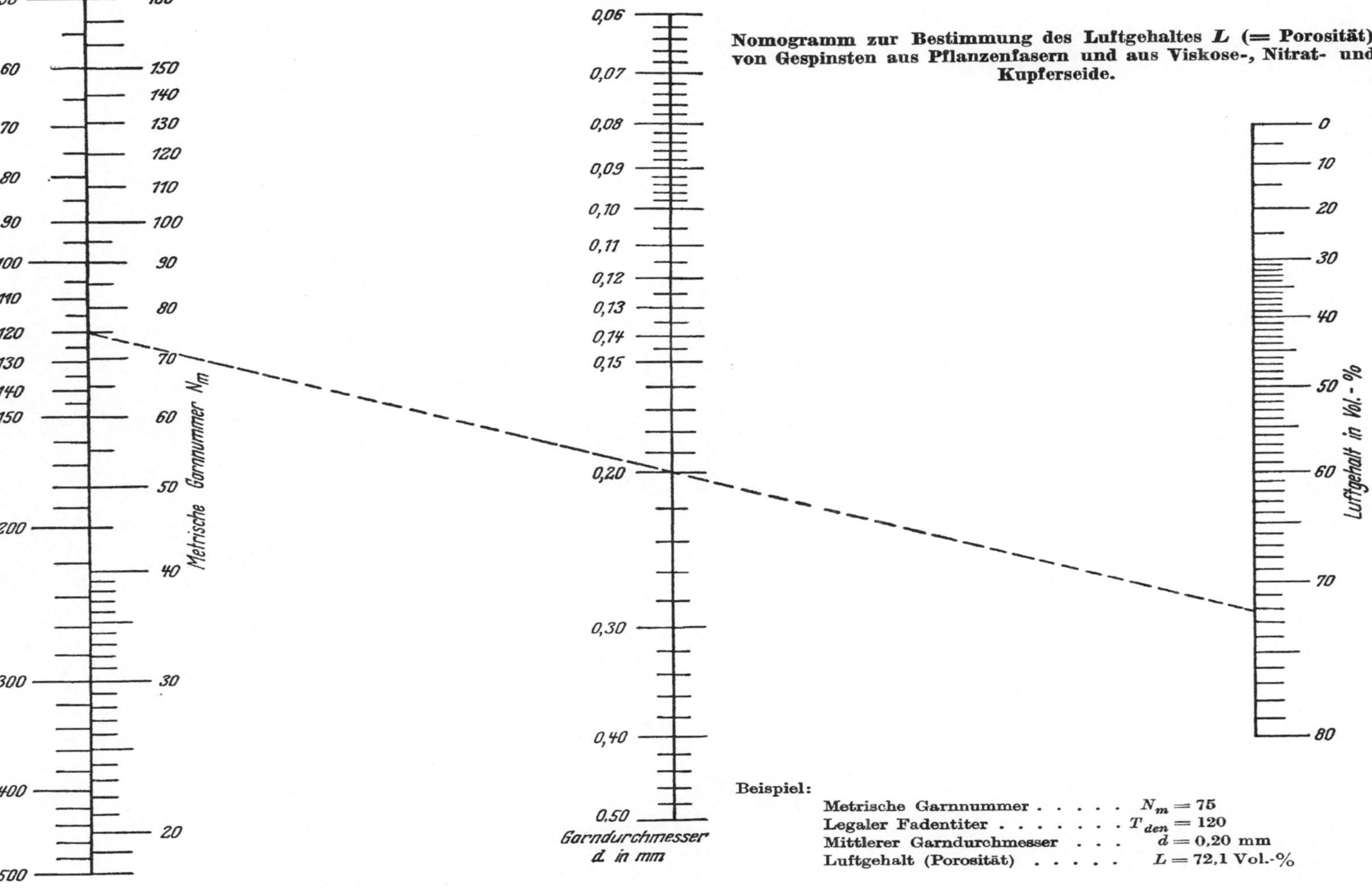

Tafel XI.
Nomogramm zur Bestimmung des Luftgehaltes L (= Porosität) von Gespinsten aus Pflanzenfasern und aus Viskose-, Nitrat- und Kupferseide.
Legaler Titer T in Deniers
50 60 70 80 90 100 110 120 130 140 150 200 300 400 500
Metrische Garnnummer N_m
180 150 140 130 120 110 100 90 80 70 60 50 40 30 20
Garndurchmesser d in mm
0,06 0,07 0,08 0,09 0,10 0,11 0,12 0,13 0,14 0,15 0,20 0,30 0,40 0,50
Luftgehalt in Vol.-%
0 10 20 30 40 50 60 70 80
Beispiel:
Metrische Garnnummer . . . . . N_m = 75
Legaler Fadentiter . . . . T_den = 120
Mittlerer Garndurchmesser . . . d = 0,20 mm
Luftgehalt (Porosität) . . . . . L = 72,1 Vol.-%
Herzog-Wagner, Faserstoff-Praktikum.
Verlag von Julius Springer in Berlin.

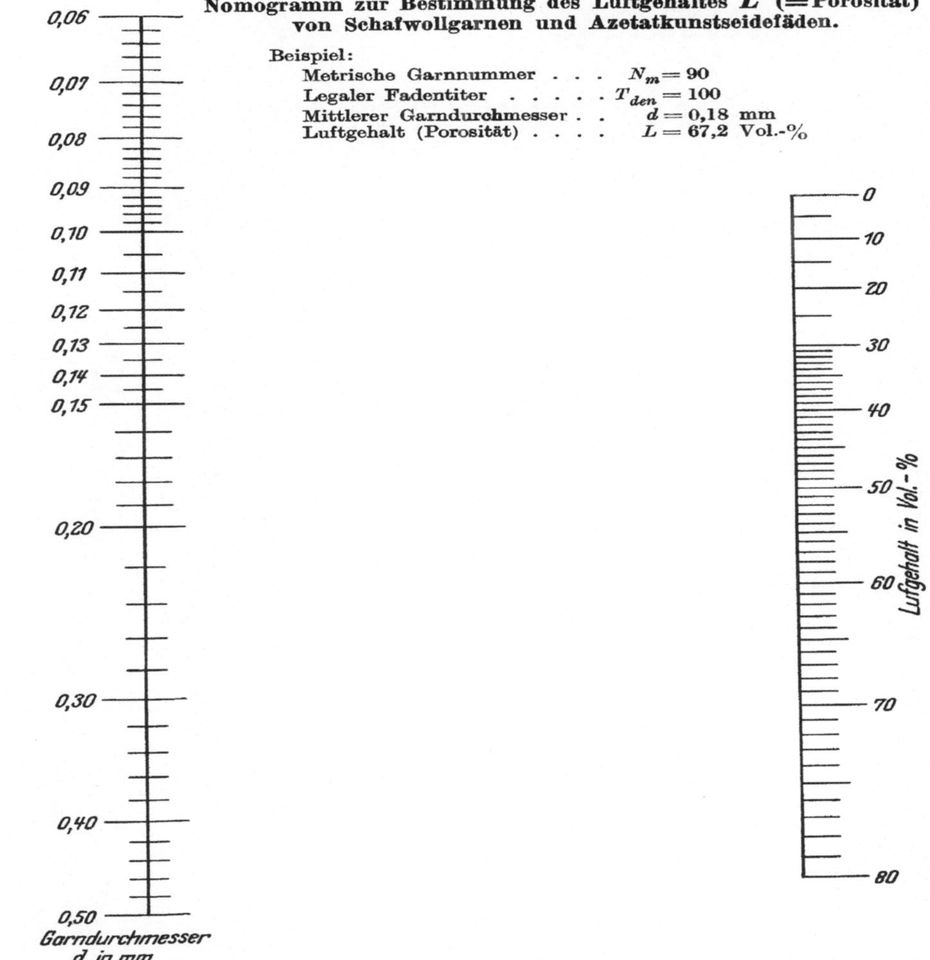

Verlag von Julius Springer in Berlin.

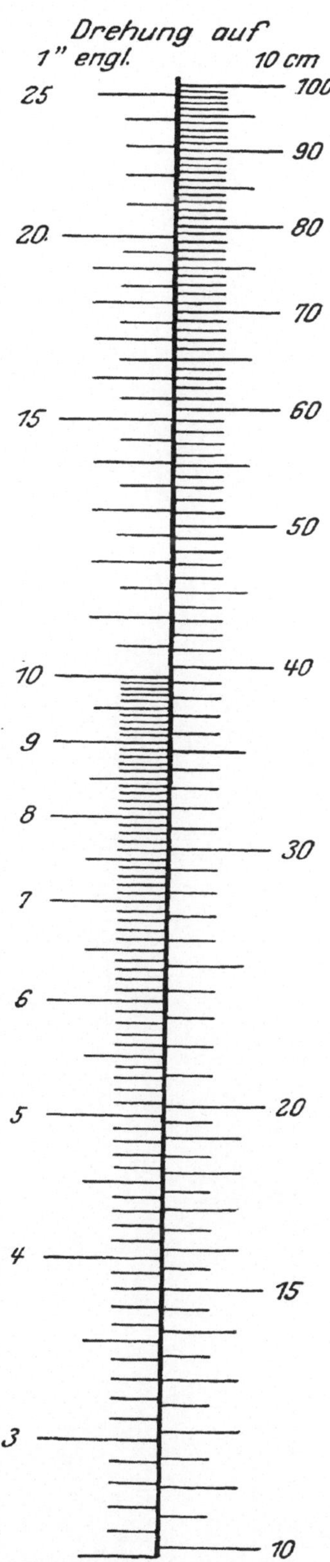

Leiter zur unmittelbaren Umwandlung der Garndrehungen und der Fadenzahl von 1 Zoll engl. auf 10 Zentimeter und umgekehrt.

Beispiel:

Garndrehungen für 1 Zoll engl. . . . . $T_{1''\text{e.}} = 15$

Garndrehungen für 10 cm . . . . . . $T_{10\ \text{cm}} = 59$

Nomogramm zur Bestimmung der Garndrehung nach der A. Herzogschen mikroskopisch-graphischen Methode.

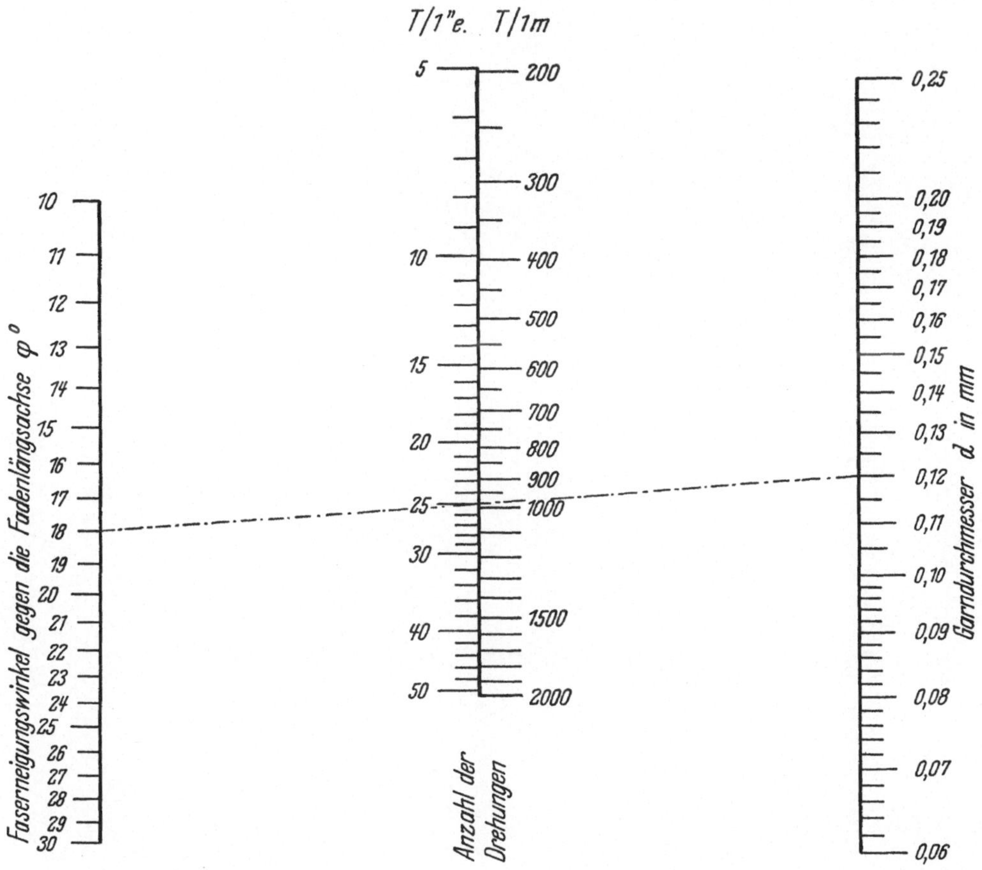

Beispiel:

Faserneigungswinkel gegen die Fadenlängsachse $\varphi = 18^{0}$
Mittlerer Garndurchmesser . . . . $d = 0,12$ mm
Anzahl der Garndrehungen für 1 Zoll engl. . . . $T_{1''e.} = 25$
Anzahl der Garndrehungen für 1 m . . . . . $T_{1m} = 985$

Herzog-Wagner, Faserstoff-Praktikum.   Verlag von Julius Springer in Berlin.

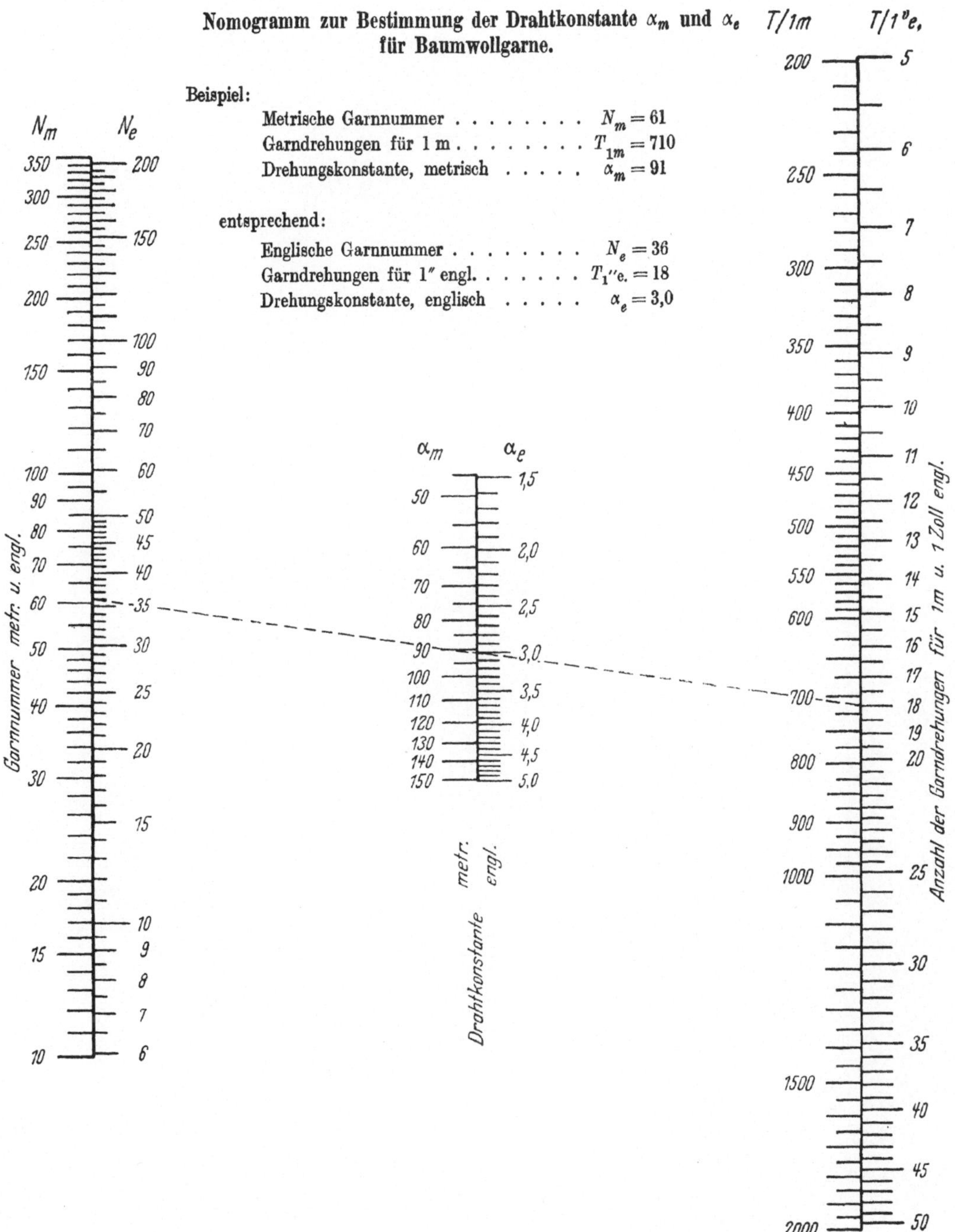

Nomogramm zur Bestimmung der Drahtkonstante α_m und α_e für Baumwollgarne.
T/1m
T/1"e,
Beispiel:
Metrische Garnnummer . . . . $N_m = 61$
Garndrehungen für 1 m . . . . $T_{1m} = 710$
Drehungskonstante, metrisch . . . . . $\alpha_m = 91$
entsprechend:
Englische Garnnummer . . . . $N_e = 36$
Garndrehungen für 1" engl. . . . . . . $T_{1"e.} = 18$
Drehungskonstante, englisch . . . . . $\alpha_e = 3,0$
N_m
N_e
350
300
250
200
150
100
90
80
70
60
50
40
30
20
15
10
200
150
100
90
80
70
60
50
45
40
35
30
25
20
15
10
9
8
7
6
Garnnummer metr. u. engl.
α_m
α_e
50
60
70
80
90
100
110
120
130
140
150
1,5
2,0
2,5
3,0
3,5
4,0
4,5
5,0
metr.
engl.
Drahtkonstante
200
250
300
350
400
450
500
550
600
700
800
900
1000
1500
2000
5
6
7
8
9
10
11
12
13
14
15
16
17
18
19
20
25
30
35
40
45
50
Anzahl der Garndrehungen für 1m u. 1 Zoll engl.

Nomogramm zur Bestimmung der Drahtkonstante α_m und α_e für Flachs-, Hanf- und Jutegarne.

Beispiel: Metrische Garnnummer . . . . $N_m = 29,5$
Garndrehungen für 1 m . . . . $T_{1m} = 552$
Drehungskonstante, metrisch . . . . $\alpha_m = 101$
entsprechend:
Englische Garnnummer . . . . $N_e = 49$
Garndrehungen für 1'' engl. . . . . $T_{1''e.} = 14$
Drehungskonstante, englisch . . . . $\alpha_e = 2,0$

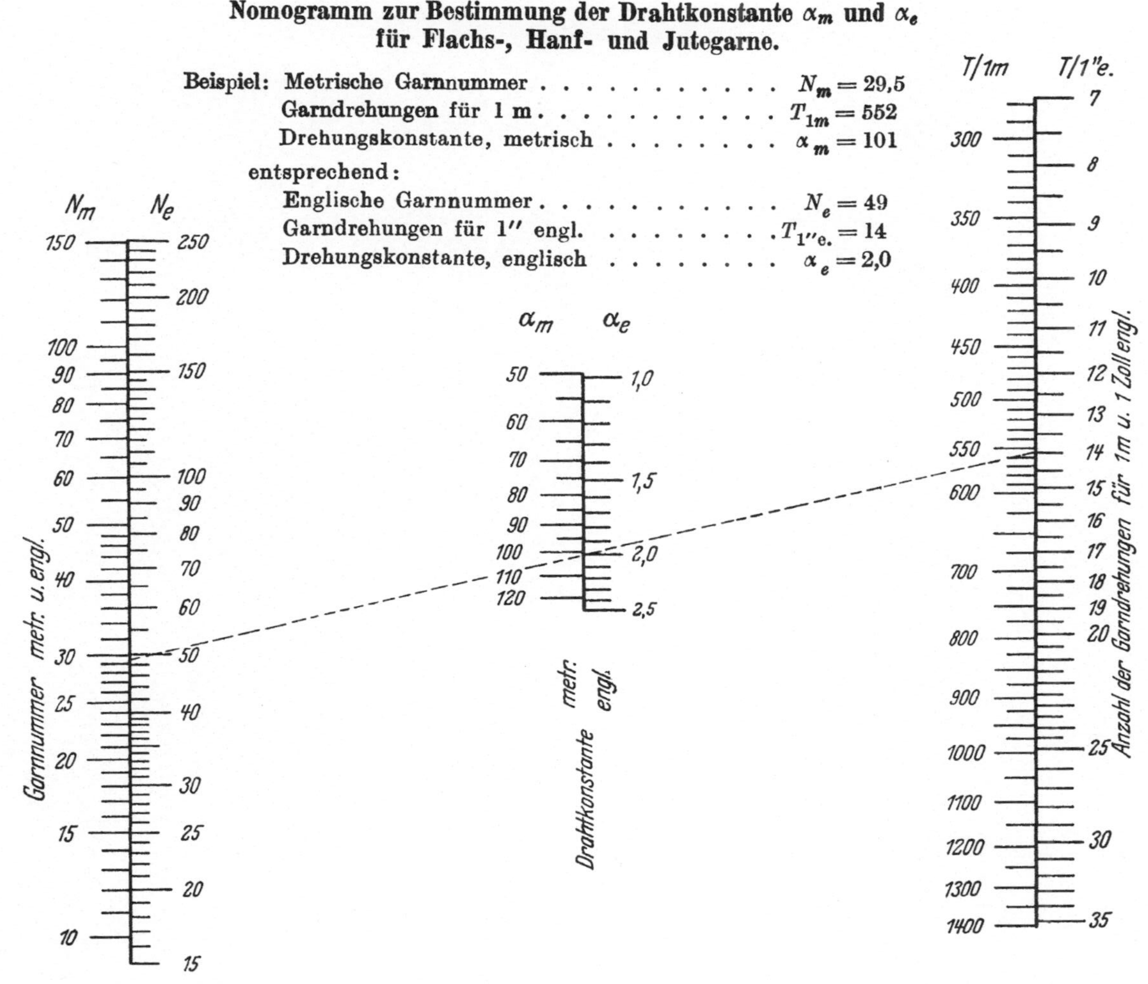

Verlag von Julius Springer in Berlin.

Nomogramm zur Bestimmung der Reißlänge R, der spezifischen Garnfestigkeit p und der Festigkeit p_1 pro 1 Denier („Gütezahl" für Seide und Kunstseide).

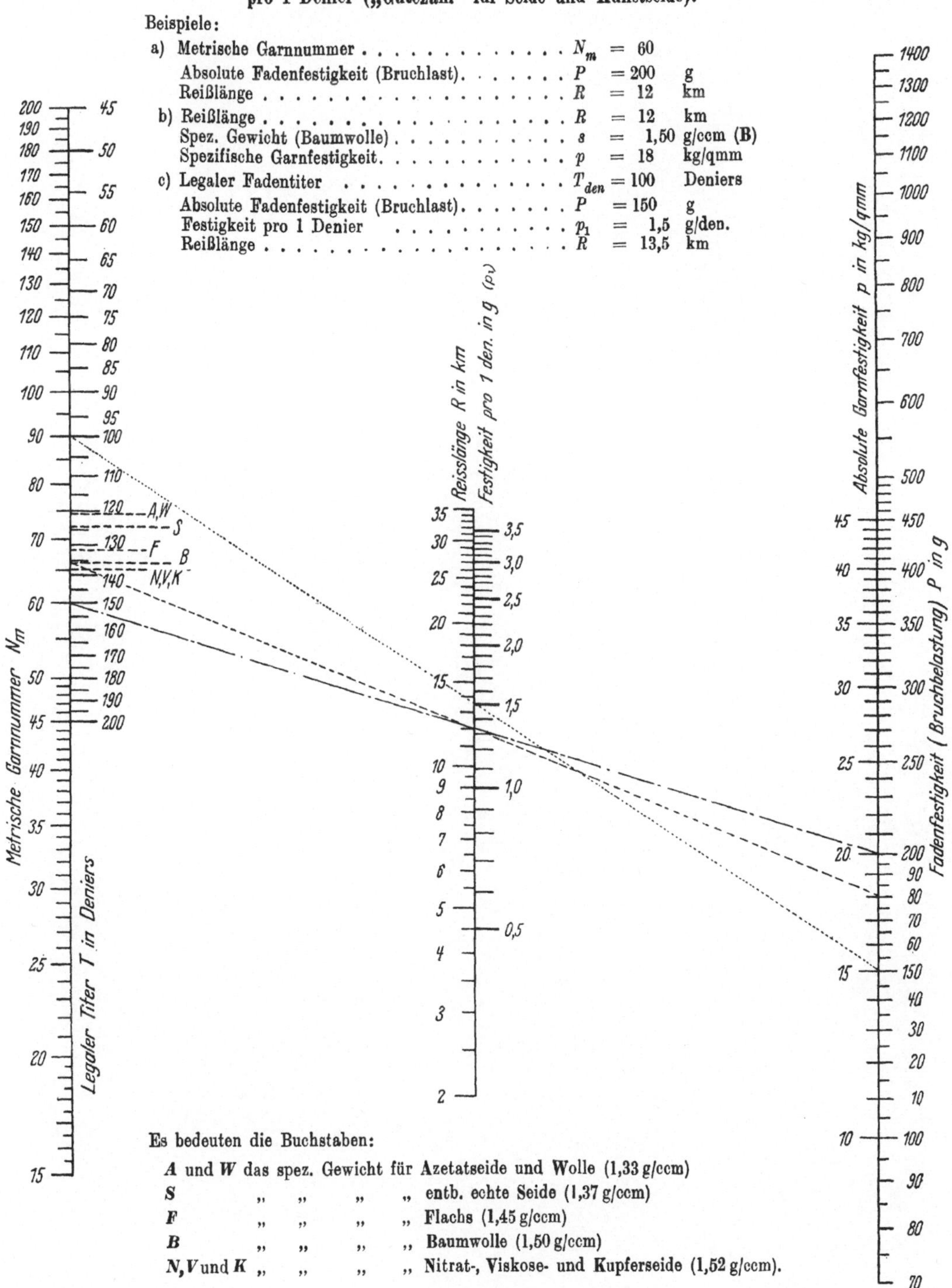

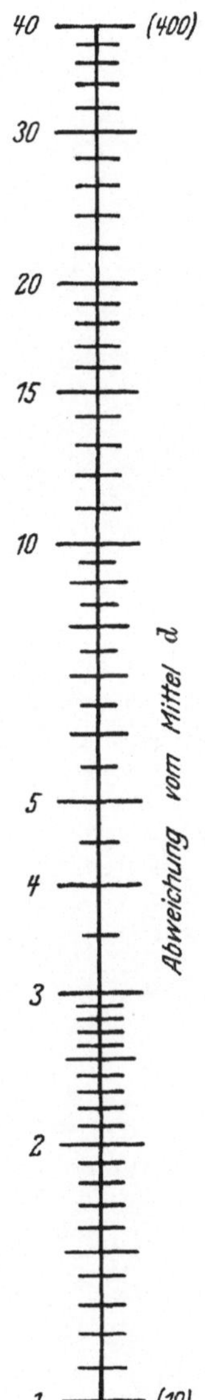

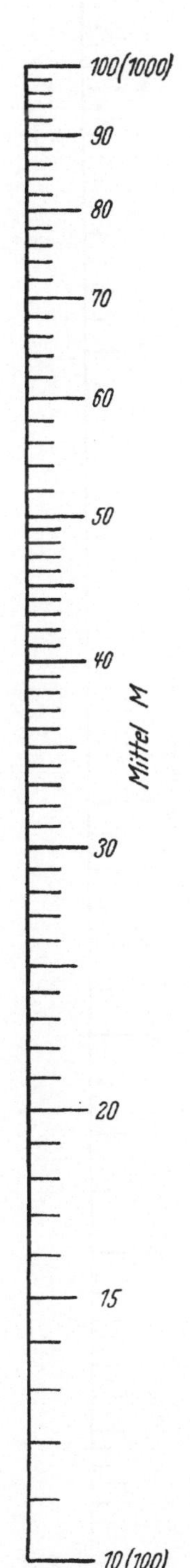

Beispiel:

Arithmetisches Gesamtmittel . . . . $M = 400\,\mathrm{g}$ oder $0{,}40$ mm

Differenz zwischen Gesamtmittel und Unter-
mittel (= Abweichung vom Mittel) . . . . $d = 40\,\mathrm{g}$ oder $0{,}04$ mm

Gleichmäßigkeit . . . . $G = 90{,}0\,\%$.

Verlag von Julius Springer in Berlin.

Beispiel:

Arithmetisches Gesamtmittel . . . . $M = 400$ g oder 0,40 mm
Differenz zwischen Gesamtmittel und Unter-
mittel (= Abweichung vom Mittel) . . . . $d = 40$ g oder 0,04 mm
Gleichmäßigkeit . . . . $G = 90{,}0 \%$.

Verlag von Julius Springer in Berlin.

Graphische Bestimmung des Handelsgewichtes für 100 Teile lufttrockene Faser.

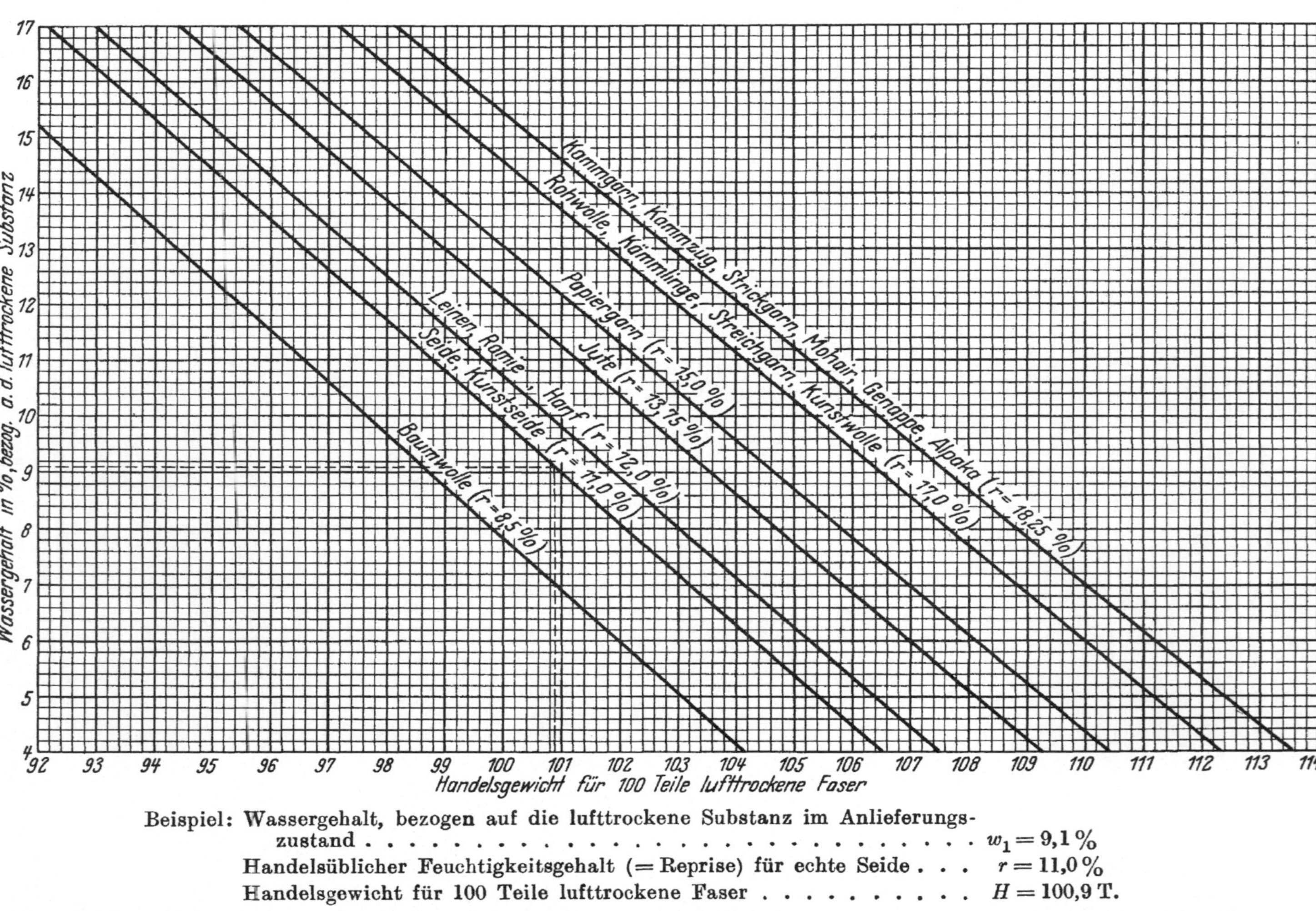

Beispiel: Wassergehalt, bezogen auf die lufttrockene Substanz im Anlieferungs-
zustand . . . . $w_1 = 9,1\%$
Handelsüblicher Feuchtigkeitsgehalt (= Reprise) für echte Seide . . . $r = 11,0\%$
Handelsgewicht für 100 Teile lufttrockene Faser . . . . $H = 100,9$ T.

Tafel XXI.

Nomogramm für Prozentberechnungen aller Art.

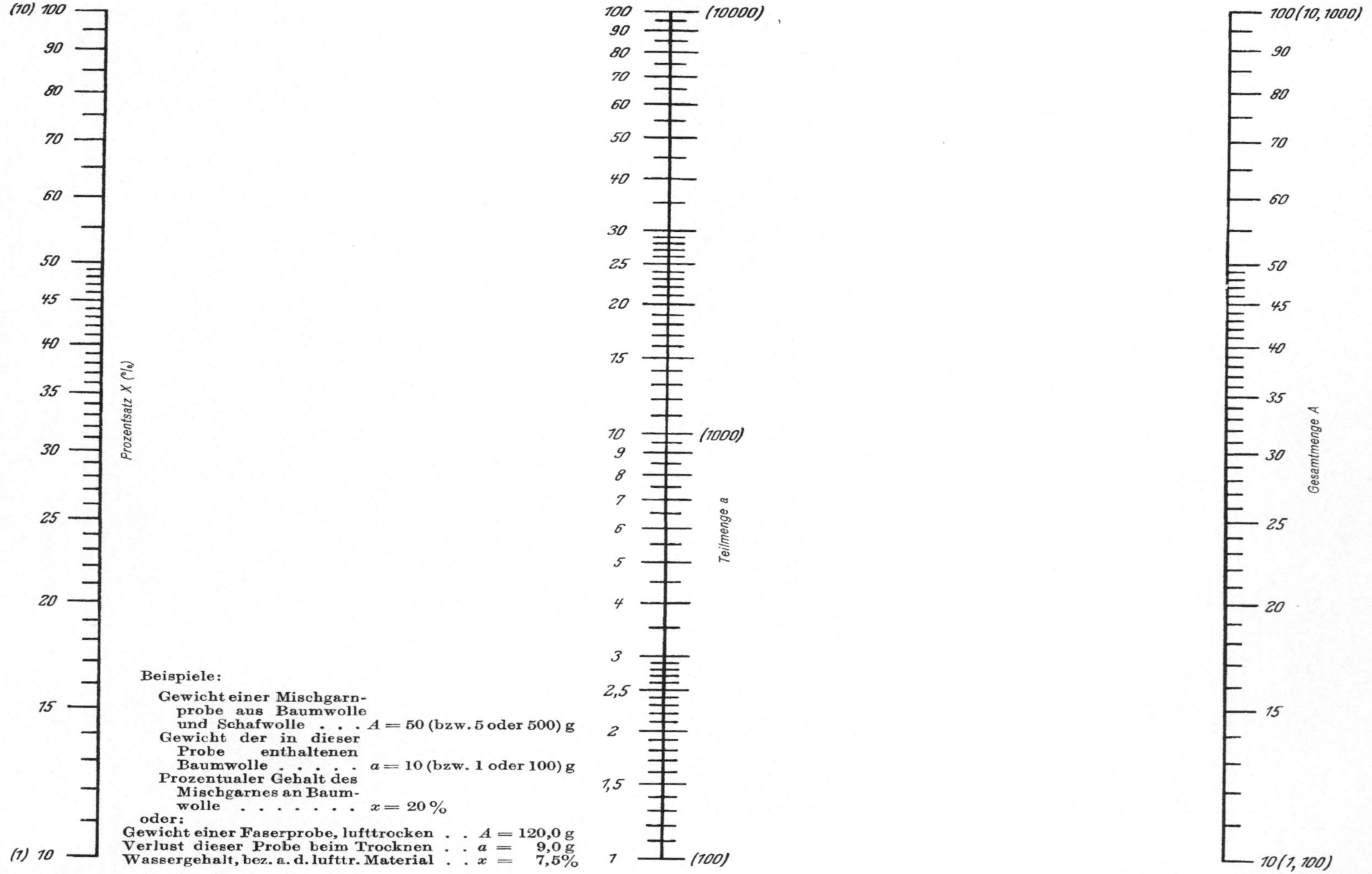

Gesamtmenge A

100 (10, 1000) 90 80 70 60 50 45 40 35 30 25 20 15 10 (1, 100)

(10000) Teilmenge a (1000) (100)

100 90 80 70 60 50 40 30 25 20 15 10 9 8 7 6 5 4 3 2,5 2 1,5 1

Prozentsatz X (%)

(10) 100 90 80 70 60 50 45 40 35 30 25 20 15 (1) 10

Beispiele:

Gewicht einer Mischgarn-
probe aus Baumwolle
und Schafwolle . . . $A = 50$ (bzw. 5 oder 500) g
Gewicht der in dieser
Probe   enthaltenen
Baumwolle . . . . $a = 10$ (bzw. 1 oder 100) g
Prozentualer Gehalt des
Mischgarnes an Baum-
wolle . . . . . . $x = 20\%$

oder:

Gewicht einer Faserprobe, lufttrocken . . $A = 120{,}0$ g
Verlust dieser Probe beim Trocknen . . $a = 9{,}0$ g
Wassergehalt, bez. a. d. luftr. Material . . $x = 7{,}5\%$

Herzog-Wagner, Faserstoff-Praktikum.

Verlag von Julius Springer in Berlin.